高职高专机械类专业新形态系列教材

公差配合与技术测量

主　编　周　京　黄　颖
副主编　王　敏　喻　秀　郭　国　商丹丹
主　审　杨国星

西安电子科技大学出版社

内 容 简 介

本书共分八个项目，分别为互换性及其意义、测量技术基础、极限与配合基础、形状和位置公差、光滑极限量规设计、表面粗糙度及检测、螺纹结合的公差与检测、圆锥的公差配合及测量。

本书适合高职高专院校机械类、机电类专业及其他相关专业使用，也适合制造行业的工程技术人员、管理人员、操作人员阅读参考。

图书在版编目(CIP)数据

公差配合与技术测量 / 周京，黄颖主编. —西安：西安电子科技大学出版社，2023.1
ISBN 978 - 7 - 5606 - 6661 - 7

Ⅰ. ①公⋯　Ⅱ. ①周⋯ ②黄⋯　Ⅲ. ①公差—配合—高等职业教育—教材 ②技术测量—高等职业教育—教材　Ⅳ. ①TG801

中国版本图书馆 CIP 数据核字(2022)第 197284 号

策　　划　刘小莉　杨航斌
责任编辑　刘小莉
出版发行　西安电子科技大学出版社（西安市太白南路 2 号）
电　　话　(029)88202421　88201467　　邮　　编　710071
网　　址　www.xduph.com　　　　　电子邮箱　xdupfxb001@163.com
经　　销　新华书店
印刷单位　陕西天意印务有限责任公司
版　　次　2023 年 1 月第 1 版　　2023 年 1 月第 1 次印刷
开　　本　787 毫米×1092 毫米　1/16　印张　9.75
字　　数　224 千字
印　　数　1～3000 册
定　　价　35.00 元
ISBN 978 - 7 - 5606 - 6661 - 7 /TG
XDUP 6963001-1

前言

"公差配合与技术测量"课程是机械类各专业学生必须掌握的一门重要的综合性专业技术基础课程。该课程涉及几何量公差与测量技术两个范畴，是联系机械设计课程与机械制造课程的纽带，也是从基础课学习过渡到专业课学习的桥梁。它从机械产品零部件制造的误差和公差来研究零部件的设计、制造精度与技术测量方法，是机械工程技术人员和管理人员必须掌握的综合性应用技术。

本书结合新时代高职高专教育的要求和特点，以"必备、够用"为原则组织内容，力求语言简练、条理清晰、深入浅出，以任务引入与任务思考的方式引出相关的内容学习，强化理论性与应用性的结合。

在编写本书前，我们多次邀请各院校专家和骨干教师集思广益，酝酿选题，明确了编写思路和要求。主编提出编写大纲后，经编委会成员反复讨论，并吸取多方意见修改确定。本书由周京、黄颖担任主编，王敏、喻秀、郭国、商丹丹担任副主编。具体的编写分工为：项目一、项目七、项目八由周京编写，项目二由郭国编写，项目三由王敏编写，项目四由黄颖编写，项目五由商丹丹编写，项目六由喻秀编写。全书由周京统稿。

由于编者水平有限，书中难免有疏漏和不当之处，恳请读者不吝赐教，以便再版时修改完善。

编　者
2022 年 11 月

目录

项目一　互换性及其意义

【任务引入】

　　这里以国产 919 飞机为例(见图 1-1)。一架飞机的零部件有数万个，这些零部件是由分布在全国甚至全世界的上百家生产企业生产的，然后汇集在飞机总装车间进行装配。在现代工业生产中常采用专业化的协作生产，即用分散制造、集中装配的办法来提高生产率，保证产品质量和降低成本。要实行专业化生产，必须保证产品具有互换性，即必须采用互换性生产原则。那么到底什么是互换性？如何来实现互换性？

图 1-1　国产 919 飞机

【任务思考】

　　建国七十多年以来，我国取得了伟大的成就，但是部分国家对我国高端制造业设备和技术实施出口管制，对我国的生产生活造成了一定的影响。作为新时代的年轻人，我们要以饱满的爱国主义情怀和自强不息的奋斗理念努力学好知识，投身于社会主义建设中。

任务一　认识互换性

互换性与公差

一、互换性概述

(一) 互换性的含义

互换性是广泛用于机械制造、军品生产、机电一体化产品的设计和制造过程中的重要原则。采用互换性原则能取得巨大的经济和社会效益。

在机械制造业中，在同一规格的一批零(部)件中，如果可以不经选择、修配或调整，任取一件都能装配在机器上，并能达到规定的使用性能要求，则称这些零(部)件具有互换性。能够保证产品具有互换性的生产称为遵守互换性原则的生产。

汽车、摩托车、拖拉机等行业就是运用互换性原则形成规模经济，取得最佳技术经济效益的。

互换性应用的实例如图 1-2 和图 1-3 所示。

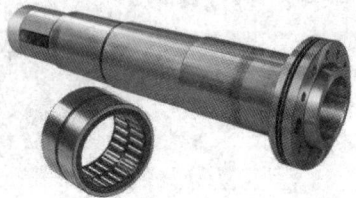

图 1-2　具有对应标记的螺栓和螺母可自由旋合　　图 1-3　相同代号的轴承能替换已磨损的轴承并恢复精度

(二) 互换性的分类

互换性研究的内容较多，本课程只研究几何参数的互换性。互换性按其互换程度可分为完全互换与不完全互换。

1. 完全互换

完全互换是指同种零(部)件装配前不经选择，装配时也不需修配和调整，装配后即可满足预定的使用要求的彼此可以互相替换的性能。例如，螺栓、圆柱销等标准件的装配大都采用完全互换。

2. 不完全互换

不完全互换是指零(部)件在装配时需要选配(但不能进一步加工)才能具有彼此可以互换的性能。所以说不完全互换是有条件互换。不完全互换包括以下几种：

(1) 分组互换：在单件生产的机器(如特重型、特高精度的仪器)中，如果采用完全互换将导致加工困难(甚至无法加工)或制造成本过高，所以在生产中把零(部)件的精度适当降低，根据实测尺寸的大小，将制成的相配零(部)件分成若干组，使每组内尺寸差别比较小，最后再把相应组的零(部)件进行装配，不同组之间的零(部)件不能互换。例如，滚动轴承内、外圈滚道与滚动体的结合采用的就是分组互换。

(2) 调整互换：零(部)件加工后，在装配时要用调整的方法改变尺寸或位置，才能满足功能要求。例如，在装配时使用调整垫片或调整镶条就是调整互换。

(3) 修配互换：零(部)件加工后，在装配时要用去除材料来改变尺寸，才能满足功能要求。例如，对普通车床尾座部件中的垫板进行再修磨就是修配互换。

不完全互换只限于部件或机构在制造厂内装配时使用。对于厂外协作，则往往要求完全互换。究竟采用哪种方式，要由产品精度、产品复杂程度、生产规模、设备条件及技术水平等一系列因素决定。通常，不完全互换主要适用于小批量和单件生产。

二、标准化与优先数

为了实现互换性生产，必须采用一种手段，使各个分散的、局部的生产部门和生产环节之间保持必要的技术统一，以形成一个统一的整体。标准与标准化正是建立这种关系的重要手段，是实现互换性生产的基础。

(一) 标准与标准化

标准是指为了取得最佳的经济效果，对需要协调统一的具有重复特征的物品(如产品、零(部)件等)和概念(如术语、规则、代号、方法)等，在总结科学试验和生产实践的基础上，由有关方面协调制定并经主管部门批准后，在一定范围内作为活动的共同准则和依据的规定。

标准化是指标准的制定、发布和贯彻实施的全部活动过程。该过程包括从调查标准化对象开始，经试验、分析和综合归纳，进而制定和贯彻标准，以后还要修订标准等。标准化是以标准的形式体现一个不断循环、不断提高的过程。

按照标准的适用范围不同，我国的技术标准分为国家标准、行业标准、地方标准和企业标准四个级别。按种类可将技术标准分为基础标准、产品标准、方法标准、安全卫生与环境保护标准四类。按法律属性可将技术标准分为两类：一类是强制性标准，其代号为"GB"("国标"汉语拼音的第一个字母)；另一类是推荐性标准，其代号为"GB/T"("T"为"推"的汉语拼音的首字母)。对于强制性标准，国家要求企业必须执行；对于推荐性标准，国家鼓励企业自愿使用。

从世界范围看，标准有国际标准和国际区域性标准两级。国际标准是指由国际标准化组织(ISO)和国际电工委员会(IEC)制定并发布的标准。国际区域性标准是指由国际地区(或国家集团)性组织(如欧洲标准化委员会(CEN)和欧洲电工标准化委员会(CENELEC))等制定并发布的标准。

制定了标准，并能正确贯彻实施，就可以保证产品质量，缩短生产周期，便于开发新产品和协作配套，提高企业管理水平。所以标准化是组织现代化生产的重要手段之一，是实现专业化协作生产的必要前提，是科学管理的重要组成部分。标准化是发展贸易、提高产品在国际市场上竞争能力的技术保证。搞好标准化，对于快速发展国民经济、提高产品和工程建设质量、提高劳动生产率、搞好环境保护和安全生产、改善人民生活等都有重要作用。

(二) 优先数和优先数系

工程上各种技术参数的简化、协调和统一是标准化的一项重要内容。

在设计产品和制定技术标准时，涉及很多技术参数，这些技术参数在生产的各环节中往往不是孤立的。当选定一个数值作为某种产品的参数指标后，这个数值就会按一定的规律向一切相关的制品、材料等的有关参数指标传播扩散。例如，螺栓的直径确定后，会传播到螺母的直径上，也会传播到加工这些螺纹的刀具(如丝锥板牙)上，还会传播到螺栓孔的尺寸和加工螺栓孔的钻头的尺寸以及检测这些螺纹的量具及装配它们的工具上。在实际生产中，这种技术参数的传播是极为普遍的现象。对于工程技术上的参数数值，即使只有很小的差别，也会造成尺寸规格的繁多杂乱。如果随意取值，那么经过多次传播以后，势必给组织生产、协作配套和设备维修带来很大困难。

为使产品的参数选择能遵守统一的规律，必须对各种技术参数的数值做出统一规定，优先数和优先数系就是这样的规定。优先数和优先数系是一种科学的数值制度，它适用于各种数值的分级，是国际上统一的数值分级制度。国家标准 GB/T 321—2005《优先数和优先数系》是一个最重要的标准，要求工业产品技术参数应尽可能采用它。

优先数是优先数系中的任一个项值。优先数系是由公比为 10，且项值中含有 10 的整数幂的理论等比数列导出的一组近似等比的数列。优先数系各数列分别用符号 R5、R10、R20、R40、R80 表示，分别称为 R5 系列、R10 系列、R20 系列、R40 系列、R80 系列，具体如下。

R5 系列为以 $\sqrt[5]{10} \approx 1.6$ 为公比形成的数系；

R10 系列为以 $\sqrt[10]{10} \approx 1.25$ 为公比形成的数系；

R20 系列为以 $\sqrt[20]{10} \approx 1.12$ 为公比形成的数系；

R40 系列为以 $\sqrt[40]{10} \approx 1.06$ 为公比形成的数系；

R80 系列为以 $\sqrt[80]{10} \approx 1.03$ 为公比形成的数系。

R5、R10、R20 和 R40 是常用系列，称为基本系列，R80 为补充系列。R5 系列的项值包含在 R10 系列中，R10 系列的项值包含在 R20 系列中，R20 系列的项值包含在 R40 系列中，R40 系列的项值包含在 R80 系列中。范围为 1 到 10 的优先数系的基本系列见表 1-1，所有大于 10 的优先数均可按表列数乘以 10，100，…求得，所有小于 1 的优先数均可按表列数乘以 0.1，0.01，…求得。

表 1-1　范围为 1 到 10 的优先数系的基本系列

基本系列(常用值)				序号	理论值		基本系列和计算值间的相对误差(%)
R5	R10	R20	R40		对数尾数	计算值	
(1)	(2)	(3)	(4)	(5)	(6)	(7)	(8)
1.00	1.00	1.00	1.00	0	000	1.000 0	0
			1.06	1	025	1.059 3	+0.07
		1.12	1.12	2	050	1.122 0	−0.8
			1.18	3	075	1.188 5	−0.71

基本系列(常用值)				序号	理论值		基本系列和计算值间的相对误差(%)
R5	R10	R20	R40		对数尾数	计算值	
(1)	(2)	(3)	(4)	(5)	(6)	(7)	(8)
	1.25	1.25	1.25	4	100	1.258 9	−0.71
			1.32	5	125	1.333 5	−1.01
		1.40	1.40	6	150	1.412 5	−0.88
			1.50	7	175	1.496 2	+0.25
1.60	1.60	1.60	1.60	8	200	1.584 9	+0.95
			1.70	9	225	1.678 8	+1.26
		1.80	1.80	10	250	1.778 3	+1.22
			1.90	11	275	1.883 6	+0.87
	2.00	2.00	2.00	12	300	1.995 3	+0.24
			2.12	13	325	2.113 5	+0.31
		2.24	2.24	14	350	2.238 7	+0.06
			2.36	15	375	2.371 4	−0.48
2.50	2.50	2.50	2.50	16	400	2.511 9	−0.47
			2.65	17	425	2.660 7	−0.40
		2.80	2.80	18	450	2.818 4	−0.65
			3.00	19	475	2.985 4	+0.49
	3.15	3.15	3.15	20	500	3.162 3	−0.39
			3.35	21	525	3.349 7	+0.01
		3.55	3.55	22	550	3.548 1	+0.05
			3.75	23	575	3.758 4	−0.22
4.00	4.00	4.00	4.00	24	600	3.981 1	+0.47
			4.25	25	625	4.217 0	+0.78
		4.50	4.50	26	650	4.466 8	+0.74
			4.75	27	675	4.731 5	+0.39
	5.00	5.00	5.00	28	700	5.011 9	−0.24

基本系列(常用值)				序号	理论值		基本系列和计算值间的相对误差(%)
R5	R10	R20	R40		对数尾数	计算值	
(1)	(2)	(3)	(4)	(5)	(6)	(7)	(8)
			5.30	29	725	5.308 8	−0.17
	5.60	5.60		30	750	5.623 4	−0.42
		6.00		31	775	5.956 6	+0.73
6.30	6.30	6.30	6.30	32	800	6.309 6	−0.15
			6.70	33	825	6.683 4	+0.25
		7.10	7.10	34	850	7.079 5	+0.29
			7.50	35	875	7.498 9	+0.01
	8.00	8.00	8.00	36	900	7.943 3	+0.71
			8.50	37	925	8.414 0	+1.02
		9.00	9.00	38	950	8.912 5	+0.98
			9.50	39	975	9.440 6	+0.63
10.00	10.00	10.00	10.00	40	000	10.000 0	0

任务二 零件的加工误差和公差

一、机械加工误差

加工精度是指机械加工后，零件几何参数(尺寸、几何要素的形状和相互位置、轮廓的微观不平程度等)的实际值与设计理想值相符合的程度。

加工误差是指加工后零件的实际几何参数对其设计理想值的偏离程度。加工误差越小，加工精度越高。机械加工误差主要有以下几类：

(1) 尺寸误差：零件加工后的实际尺寸对理想尺寸的偏离程度。理想尺寸是指图样上标注的最大、最小两极限尺寸的平均值，即尺寸公差带的中心值。

(2) 形状误差：零件加工后的实际表面形状对其理想形状的差异(或偏离程度)，如圆度、直线度等。

(3) 位置误差：零件加工后的表面、轴线或对称平面之间的相互位置对其理想位置的差异(或偏离程度)，如同轴度、位置度等。

(4) 表面微观不平度：零件加工后的表面上由较小间距和峰谷所组成的微观几何形状

误差。零件表面微观不平度用表面粗糙度的评定参数值表示。

　　加工误差是由工艺系统的诸多误差因素所产生的。例如，加工方法的原理误差，工件装卡定位误差，夹具、刀具的制造误差与磨损，机床的制造、安装误差与磨损，机床、刀具的误差，切削过程中的受力、受热变形和摩擦振动，还有毛坯的几何误差及加工中的测量误差等都是加工误差。

二、几何量公差

　　为了控制加工误差，满足零件功能要求，设计者通过零件图样提出相应的加工精度要求，这些要求是用几何量公差的标注形式给出的。

　　几何量公差就是实际几何参数值允许的变动范围，也就是说几何量公差是加工误差的极限值。

　　相对于各类加工误差，几何量公差分为尺寸公差、形状公差、位置公差和表面粗糙度指标允许值及典型零件特殊几何参数的公差等。

　　图 1-4 所示为阶梯轴零件，图中标注了几何量公差要求。

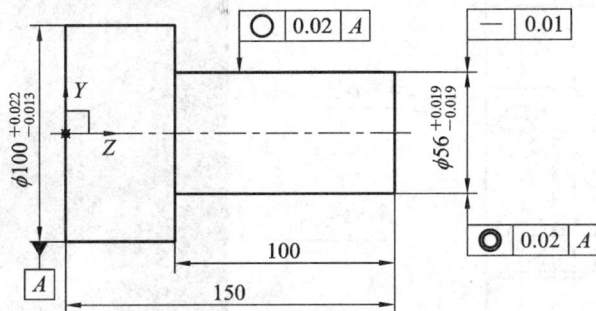

图 1-4　阶梯轴零件图

思 考 题

1. 什么是互换性？它在机械制造中有何重要意义？并举例说明。
2. 试述完全互换与不完全互换的区别，它们各用于何种场合？
3. 公差、误差与互换性三者之间有什么关系？
4. 什么是优先数系？为什么要采用优先数系？

项目二　测量技术基础

【任务引入】

这里以定位块尺寸测量为例(见图 2-1)。该零件上有若干个测量项目。测量人员拿到图纸和工件后并不要急于测量，而要先进行测量规划，明确被测对象和计量单位，确定测量方法，然后开始测量。那么，一个完整的测量过程有哪些基本要素？

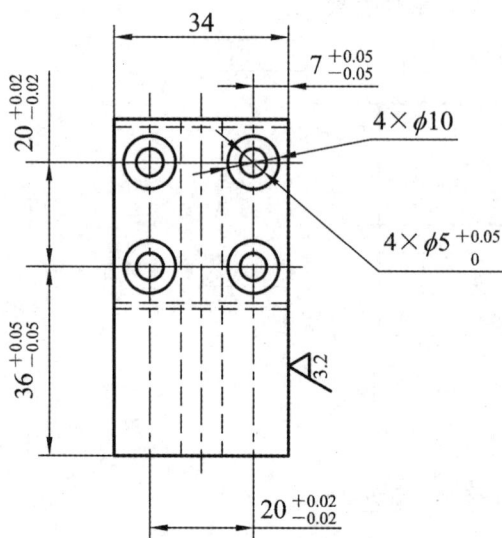

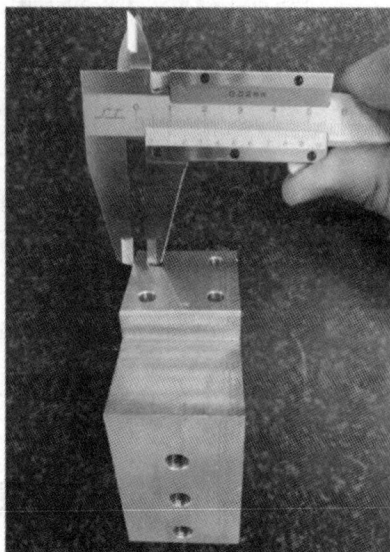

图 2-1　定位块尺寸测量

【任务思考】

学习测量技术时，我们应该从宏观上把握测量的基本要素，才能从容应对各种测量技术难题。同样，工作和生活当中也是如此。我们经常会遇到这样的情况，在面对和解决一些问题的时候，有些人忙作一团，找不到解决问题的途径，而有些人却可以通过清晰的分析，从宏观上把握全局，然后一步步解决问题。2020 年抗击武汉疫情，在习近平总书记亲自部署、亲自指挥和党中央坚强领导下，在中央指导组指导督导下，在全国人民大力支持下，全市上下齐心协力、团结奋斗，武汉疫情很快得到有力控制，这其中政府的宏观调控起了非常关键的作用。所以，在工作、学习和生活当中，我们也要培养自己的宏观意识和大局意识。

任务一　测量基本要素

一、被测对象

本课程研究的被测对象是几何量，包括长度、角度、表面粗糙度、形状和位置误差以及螺纹、齿轮的各个几何参数等。

二、计量单位

在我国法定计量单位中，几何量中长度的基本单位为米(m)，长度的常用单位有毫米(mm)和微米(μm)。1 mm=10^{-3} m，1 μm=10^{-3} mm。在机械制造中，常用的单位为毫米(mm)；在几何量精密测量中，常用的单位为微米(μm)；在超高精度测量中，采用的单位为纳米(nm)，1 nm=10^{-3} μm。几何量中平面角的角度单位为弧度(rad)、微弧度(μrad)及度(°)、分(′)、秒(″)。1 μrad=10^{-6} rad，1°=0.017 453 3 rad。度、分、秒的关系采用 60 等分制，即 1°=60′，1′=60″。

三、测量方法

测量方法是指测量时所采用的测量原理、计量器具和测量条件的总和。在测量过程中，应根据被测零件的特点(如材料硬度、外形尺寸、批量大小、精度要求等)和被测对象的定义来拟订测量方案、选择计量器具和规定测量条件。

四、测量精度

测量精度是指测量结果与真值相一致的程度。由于在测量过程中总是不可避免地出现测量误差，因此测量结果只是在一定范围内近似于真值。测量误差的大小反映了测量精度的高低，测量误差大则测量精度低，测量误差小则测量精度高。因此，不知测量精度的测量是毫无意义的。

任务二　长度、角度量值的传递

一、长度量值传递系统

为了进行长度测量，需要确定一个标准的长度单位，而标准量所体现的量值需要由基准提供，因此建立一个准确统一的长度单位基准是几何量测量的基础。在我国法定计量单位中，规定长度的基本单位是米(m)。在 1983 年第十七届国际计量大会上通过的米的定义是：1 米是光在真空中于 1/299 792 458 s 的时间间隔内所经过的距离。在使用时，需要对米的定义进行复现才能获得各自国家的长度基准。

在工程上，一般不能直接按照米的定义用光波来测量零件的几何参数，而需要将基准的量值传递到实体计量器具上。为了保证量值的统一，必须建立从国家长度计量基准到生产中使用的工作计量器具的长度量值传递系统，如图 2-2 所示。

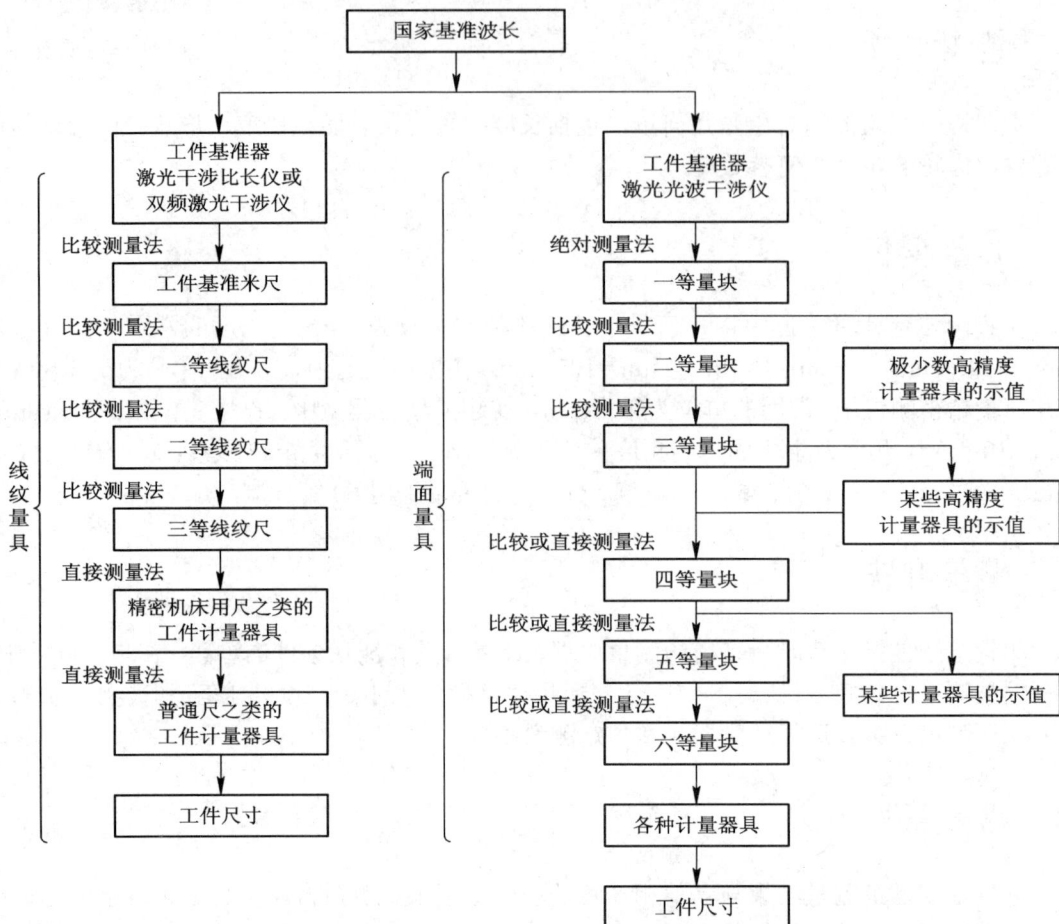

图 2-2　长度量值传递系统

长度量值从国家基准波长开始，分两个平行的系统向下传递，一个是端面量具(量块)系统，另一个是线纹量具(线纹尺)系统。因此，量块和线纹尺都是量值传递媒介，其中量块的应用更为广泛。

量块是没有刻度的平面平行端面量具，也称块规，是用微变形钢(属低合金刃具钢)或陶瓷材料制成的长方体(见图 2-3)。量块具有线膨胀系数小、不易变形、耐磨性好等特点。量块具有经过精密加工过的很平很光的两个平行平面，叫作测量面。两测量面之间的距离为工作尺寸，又称标称尺寸，该尺寸具有很高的精度。当量块的标称尺寸大于或等于 10 mm 时，其测量面的尺寸为 35 mm×9 mm；当量块的标称尺寸在 10 mm 以下时，其测量面的尺寸为 30 mm×9 mm。

量块及使用

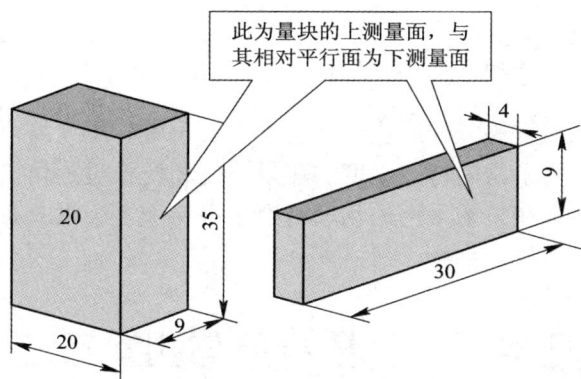

图 2-3 量块的形状

量块的应用较为广泛。量块可用于检定和校准其他量具、量仪。相对测量时，用量块组合成的标准尺寸可以用来调整量具和量仪的零位。量块也可用于精密机床的调整、精密划线和直接测量精密零件等。

在实际生产中，量块是成套使用的，每套包含一定数量的不同标称尺寸的量块，以便组合成各种尺寸，满足一定尺寸范围内的测量需求。国家标准 GB/T 6093—2001《几何量技术规范(GPS) 长度标准 量块》一共规定了 17 套量块，并规定量块的制造精度为五级，分别为 K 级、0 级、1 级、2 级和 3 级。其中 K 级最高，其余依次降低，3 级最低。

量块的测量面非常平整和光洁，用少许压力推合两块量块，使它们的测量面紧密接触，两块量块就能黏合在一起。量块的这种特性称为研合性。利用量块的研合性就可用不同尺寸的量块组合成所需的各种尺寸。为了组成所需的尺寸，量块是成套制造的，每一套具有一定数量的不同尺寸的量块，装在特制的木盒内。国家标准 GB/T 6093—2001《几何量技术规范(GPS) 长度标准 量块》规定，我国生产的成套量块有 91 块、83 块、46 块、38 块等几种规格。表 2-1 列出了国产 83 块一套的量块尺寸构成系列。

为了获得较高的组合尺寸精度，应力求用最少的块数组成一个所需尺寸，一般不超过 4 块。为了迅速选择量块，应从所需组合尺寸的最后一位数开始考虑，每选一块应使尺寸的位数减少一位。

表 2-1 83 块一套的量块组成

尺寸范围/mm	间隔/mm	小计/块
1.01～1.49	0.01	49
1.5～1.9	0.1	5
2.0～9.5	0.5	16
10～100	10	10
1	—	1
0.5	—	1
1.005	—	1

二、角度量值传递系统

角度量值尽管可以通过等分圆周获得任意大小的角度，而无须再建立一个角度自然基准，但在实际应用中，为了常用特定角度的测量方便和便于对测角仪器进行检定，仍然需要建立角度量值标准。现在最常采用的物理基准是用特殊合金钢或石英玻璃制成的多面棱体，并由此建立角度量值传递系统。

任务三　计量器具与测量方法

在制造类企业，为了满足产品的检测需求，会使用很多计量器具。计量器具种类繁多(见图 2-4)，如果没有系统的分类，对于使用、管理和维护会造成极大的困扰。同时，为了制定合理的测量方案，还要了解计量器具的技术指标，掌握常用的测量方法。

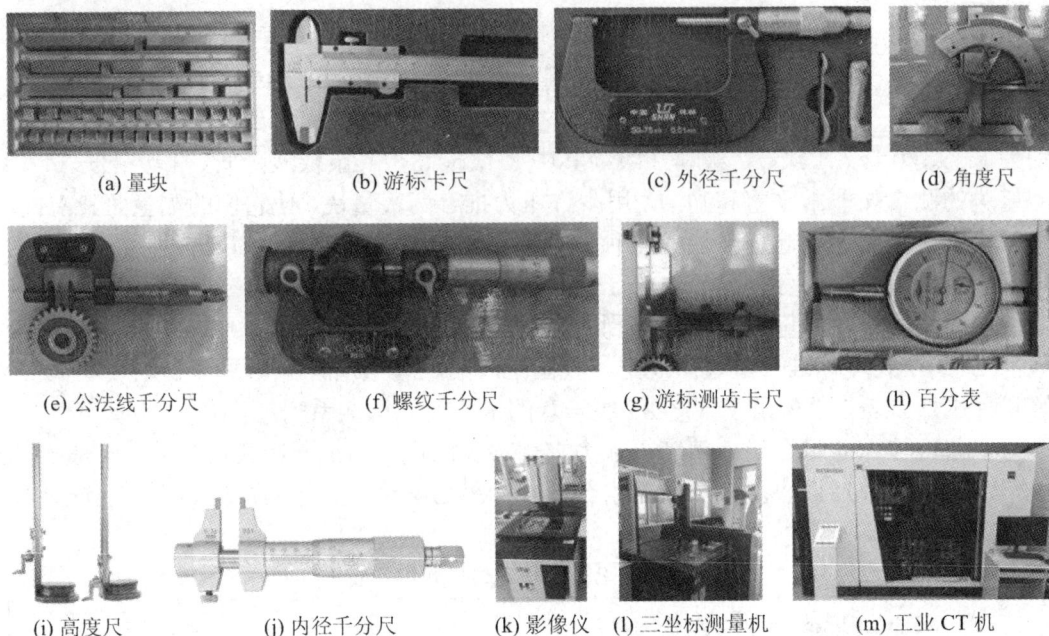

(a) 量块	(b) 游标卡尺	(c) 外径千分尺	(d) 角度尺
(e) 公法线千分尺	(f) 螺纹千分尺	(g) 游标测齿卡尺	(h) 百分表
(i) 高度尺	(j) 内径千分尺	(k) 影像仪	(l) 三坐标测量机	(m) 工业 CT 机

图 2-4　计量器具举例

一、计量器具的分类

计量器具是指能用以直接或间接测出被测对象量值的技术装置。计量器具是量具、量规、计量仪器和计量装置的统称。

1. 量具

量具是指以固定形式复现量值的计量器具，它分为单值量具和多值量具。单值量具是指复现几何量的单个量值的量具，如量块、直角尺等。多值量具是指复现一定范围内的一系列不同量值的量具，如线纹尺等。

2. 量规

量规是指没有刻度的专用计量器具，用以检验零件要素实际尺寸和形位误差的综合结果，如光滑极限量规、螺纹量规、位置量规等。使用量规检验不能得到被检验工件的具体实际尺寸和形位误差值，而只能确定被检验工件尺寸是否合格。

3. 计量仪器

计量仪器(简称量仪)是指能将被测量的量值转换成可直接观测的指示值或等效信息的计量器具，如百分表、万能工具显微镜、电动轮廓仪等。

4. 计量装置

计量装置是指为确定被测量量值所必需的计量器具和辅助设备的总体。它能够测量同一工件上较多的几何量和形状比较复杂的工件，有助于实现检测自动化或半自动化。例如，连杆、滚动轴承等零件可用计量装置来测量。

二、计量器具的技术指标

计量器具的技术指标是表征计量器具技术特性和功能的指标，也是合理选择和使用计量器具的重要依据。其中的主要指标如下。

计量器具的分类
与技术指标

1. 刻线间距

刻线间距是指计量器具的标尺上两相邻刻线中心之间的距离。为了适于人眼观察和读数，刻线间距一般为 1～2.5 mm。

2. 分度值

分度值是指计量器具的标尺上每一刻线间距所代表的量值。一般长度计量器具的分度值有 0.1 mm、0.05 mm、0.02 mm、0.01 mm、0.005 mm、0.002 mm、0.001 mm 等几种。一般来说，分度值越小，计量器具的精度越高。

3. 分辨力

分辨力是指计量器具所能显示的最末一位数所代表的量值。由于在一些量仪(如数字式量仪)中，其读数采用非标尺或非分度盘显示，因此就不能使用分度值这一概念，而将其称为分辨力。例如，国产 JC19 型数显式万能工具显微镜的分辨力为 0.5 μm。

4. 示值范围

示值范围是指计量器具所能显示或指示的被测量起始值到终止值的范围。

5. 测量范围

测量范围是指计量器具所能测量的被测量最小值到最大值的范围。

6. 灵敏度

灵敏度是指计量器具对被测量变化的响应变化能力。若被测量的变化为 ΔL，该量值引起计量器具的响应变化能力为 ΔX，则灵敏度 S 为

$$S = \frac{\Delta L}{\Delta X}$$

当上式中分子和分母为同种量时，灵敏度也称为放大比或放大倍数。对于具有等分刻度的标尺或分度盘的量仪，放大倍数 K 等于刻度间距 a 与分度值 i 之比，即

$$K = \frac{a}{i}$$

一般来说，分度值越小，计量器具的灵敏度越高。

7. 示值误差

示值误差是指计量器具上的示值与被测量真值的代数差。一般来说，示值误差越小，计量器具精度越高。

8. 修正值

修正值是指为了消除或减少系统误差，用代数法加到未修正测量结果上的数值，其大小与示值误差的绝对值相等，而符号相反。例如，若示值误差为 -0.004 mm，则修正值为 $+0.004$ mm。

9. 测量重复性

测量重复性是指在相同的测量条件下，对同一被测量值进行多次测量时，各测量结果之间的一致性。通常，该指标用测量重复性误差的极限值(正、负偏差)来表示。

10. 不确定度

不确定度是指由于测量误差的存在而对被测量量值不能肯定的程度。

三、测量方法的分类

广义的测量方法是指测量时所采用的测量原理、计量器具和测量条件的综合。但是在实际工作中，测量方法一般是指获得测量结果的具体方式，它可从不同的角度进行分类。

1. 按实测量值是否为被测量值分类

(1) 直接测量：从计量器具的读数装置上直接得到被测量的量值的测量方法。例如，用游标卡尺、千分尺测量轴径的大小就是直接测量。

(2) 间接测量：通过测量与被测量有函数关系的其他量，来得到被测量的量值的测量方法。例如，由于条件所限，不能直接测量轴径 d 时，可用一段绳子先测出周长 l，通过关系式 $d = l/\pi$ 计算得出轴径的尺寸，这种测量方法就是间接测量。

直接测量过程简单，其测量精度只与这一测量过程有关；而间接测量的精度不仅取决于有关量的测量精度，还与计算精度有关。因此，间接测量常用于受条件所限无法进行直接测量的场合。

2. 按示值是否为被测量的量值分类

(1) 绝对测量：计量器具显示或指示的示值即是被测量的量值。例如，用游标卡尺、千分尺测量轴径的大小就是绝对测量。

(2) 相对测量(比较测量)：计量器显示或指示出被测量的量值相对于已知标准量的偏差，被测量的量值为已知标准量与该偏差值的代数和。例如，用机械比较仪测量轴径，测量时先用量块调整示值零位，则比较仪指示出的示值为被测轴径相对于量块尺寸的差值。

一般来说，相对测量的测量精度比绝对测量的高。

3. 按测量时被测表面与计量器具的测头是否接触分类

(1) 接触测量：测量时计量器具的测头与被测表面接触，并有机械作用的测量力。例如，用机械比较仪测量轴径就是接触测量。

(2) 非接触测量：测量时计量器具的测头不与被测表面接触。例如，用光切显微镜测量表面粗糙度，用气动量仪测量孔径等都是非接触测量。

在接触测量中，测头与被测表面的接触会引起弹性变形，产生测量误差，而非接触测量则无此影响，故非接触测量适宜于软质表面或薄壁易变形工件的测量。

4. 按工件上是否有多个被测量一起加以测量分类

(1) 单项测量：分别对工件上的各被测量进行独立测量。例如，用工具显微镜测量螺纹的螺距、牙型角、中径和顶径等就是单项测量。

(2) 综合测量：同时测量工件上几个相关量的综合效应或综合指标，以判断综合结果是否合格。例如，用螺纹通规检验螺纹单一中径、螺距和牙型角实际值的综合结果是否合格就是综合测量。

就工件整体来说，单项测量的效率比综合测量的低，但单项测量便于进行工艺分析。综合测量适用于只要求判断合格与否，而不需要得到具体误差值的场合。

5. 按测量在加工过程中所起的作用分类

(1) 主动测量：在加工工件的同时对被测量进行测量。其测量结果可直接用以控制加工过程，及时防止废品的产生。

(2) 被动测量：在工件加工完毕后对被测量进行测量。其测量结果仅限于判断工件是否合格。

主动测量常应用在生产线上，使检验与加工过程紧密结合，充分发挥检测的作用。因此，它是检测技术发展的方向。

6. 按测量时被测表面与计量器具的测头是否相对运动分类

(1) 静态测量：在测量过程中，计量器具的测头与被测零件处于静止状态，被测量的量值是固定的。例如，用机械比较仪测量轴径就是静态测量。

(2) 动态测量：在测量过程中，计量器具的测头与被测零件处于相对运动状态，被测量的量值是变化的。例如，用圆度仪测量圆度误差，用电动轮廓仪测量表面粗糙度等都是动态测量。

任务四　测量长度尺寸的常用量具

一、通用量具

游标量具是一种常用量具，具有结构简单、使用方便和测量范围大等特点。常用的长度游标量具有游标卡尺、游标深度尺和游标高度尺等，它们的读数原理相同，只是在外形结构上有差异。

(1) 游标卡尺的结构和用途。游标卡尺的结构和种类较多，最常用的三种游标卡尺的结构和测量指标见表 2-2。

表 2-2　常用游标卡尺

种类	结 构 图	测量范围/mm	分度值/mm
三用卡尺	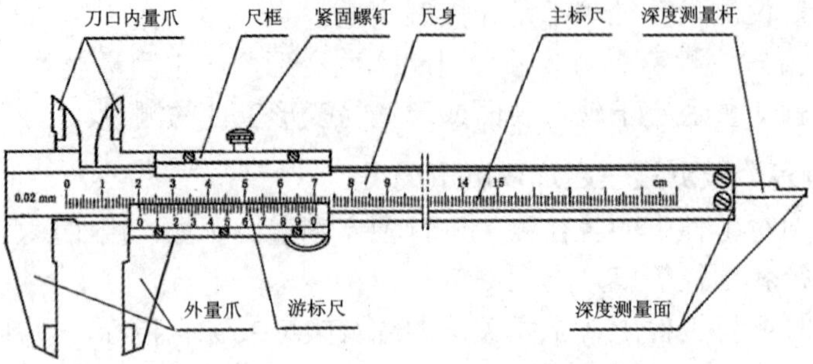 刀口内量爪　尺框　紧固螺钉　尺身　主标尺　深度测量杆　0.02 mm　cm　外量爪　游标尺　深度测量面	0～125 0～150	0.02 0.05
双面卡尺	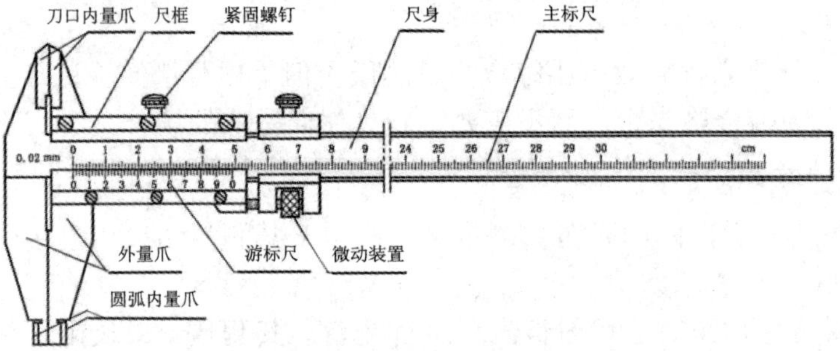 刀口内量爪　尺框　紧固螺钉　尺身　主标尺　0.02 mm　cm　外量爪　游标尺　微动装置　圆弧内量爪	0～200 0～300	0.02 0.05
单面卡尺	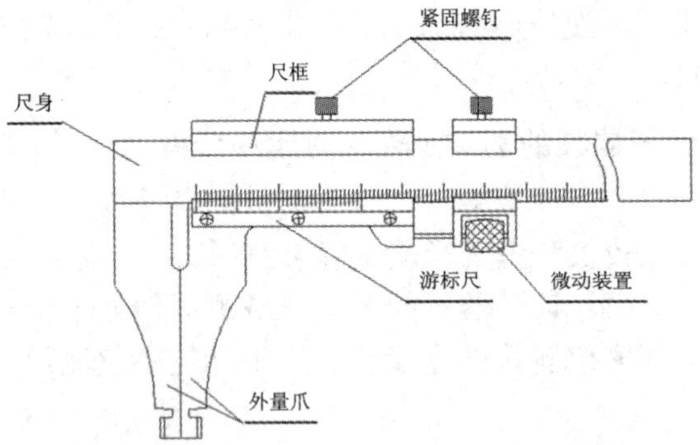 紧固螺钉　尺框　尺身　游标尺　微动装置　外量爪	0～200 0～300	0.02 0.05
		0～500	0.02 0.05 0.10
		0～1000	0.05 0.10

从结构图中可以看出，游标卡尺的主体是一个刻有刻度的尺身，其上有固定量爪。沿着尺身可移动的部分称为尺框，尺框上有活动量爪，并装有带刻度的游标和紧固螺钉。为了调节方便，有的游标卡尺还装有微动装置。在尺身上滑动尺框，可使两量爪的距离改变，以完成不同尺寸的测量工作。游标卡尺通常用来测量零件的长度、厚度、内外径、槽宽度及深度等。

(2) 游标卡尺的刻线原理和读数方法。游标卡尺的读数部分由尺身与游标组成。其原理是利用尺身刻线间距和游标刻线间距之差来进行小数读数。通常尺身刻线间距 a 为

1 mm，尺身刻线$(n-1)$格的长度等于游标刻线格的长度。相应的游标刻线间距 $b=\dfrac{n-1}{n}a$，尺身刻线间距与游标刻线间距之差即为游标卡尺的分度值。游标卡尺的分度值有 0.10 mm、0.05 mm、0.02 mm 三种。

用游标量具测量零件进行读数时，其读数方法和步骤是：首先根据游标零线所处位置读出主尺在游标零线前的整数部分的读数值；然后判断游标上第几根刻线与主尺上的刻线对准，游标刻线的序号乘以该游标量具的分度值即可得到小数部分的读数值；最后将整数部分的读数值与小数部分的读数值相加即为整个测量结果。

下面就以分度值为 0.02 mm 的游标卡尺为例对读数的方法和步骤进行说明。图 2-5(a) 为分度值 $i=0.02$ mm 的游标卡尺的刻线图。尺身刻线间距 $a=1$ mm，游标的刻线格数为 50 格，游标刻线间距 $b=\dfrac{50-1}{50}\times1=0.98$ mm，游标刻线间距与尺身刻线间距之差为 $1-0.98=0.02$ mm。

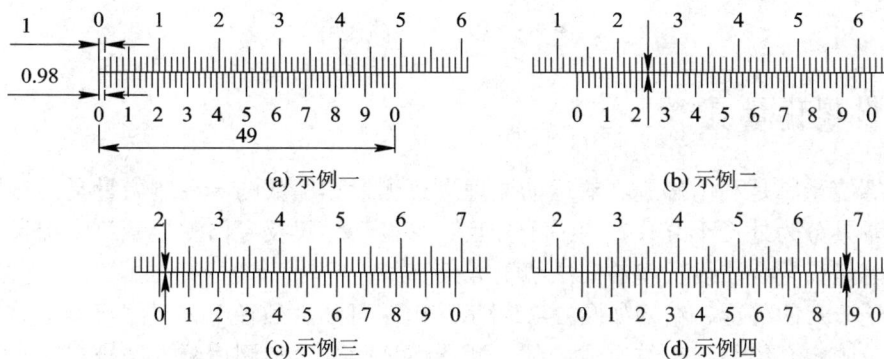

(a) 示例一　　　　　　　　　　　　　　(b) 示例二

(c) 示例三　　　　　　　　　　　　　　(d) 示例四

图 2-5　游标卡尺刻线原理及读数示例

游标卡尺示例二如图 2-5(b)所示，被测尺寸的读数方法和步骤如下：游标的零线落在尺身的 13～14 mm 之间，因而整数部分的读数值为 13 mm；游标的第 12 格刻线与尺身的一条刻线对齐，因而小数部分的读数值为 $0.02\times12=0.24$ mm。最后将整数部分的读数值与小数部分的读数值相加，所以被测尺寸为 13.24 mm。

同理，游标卡尺示例三如图 2-5(c)所示，被测尺寸为 $20+1\times0.02=20.02$ mm。游标卡尺示例四如图 2-5(d)所示，被测尺寸为 $23+45\times0.02=23.90$ mm。

使用游标卡尺时应注意以下事项：

(1) 测量前，将卡尺的测量面用软布擦干净，卡尺的两个量爪合拢，应密不透光。如漏光严重，则需进行修理。量爪合拢后，游标零线应与尺身零线对齐。如对不齐，则存在零位偏差，一般不能使用。当有零位偏差时，如要使用，则需加校正值。游标在尺身上滑动要灵活自如，不能过松或过紧，不能晃动，以免产生测量误差。

(2) 测量时，要先看清尺框上的分度值标记，以免读错小数值产生粗大误差。应使量爪轻轻接触零件的被测表面，保持合适的测量力，量爪的位置要摆正，不能歪斜(见图 2-6)。

(3) 读数时，视线应与尺身表面垂直，避免产生视觉误差。

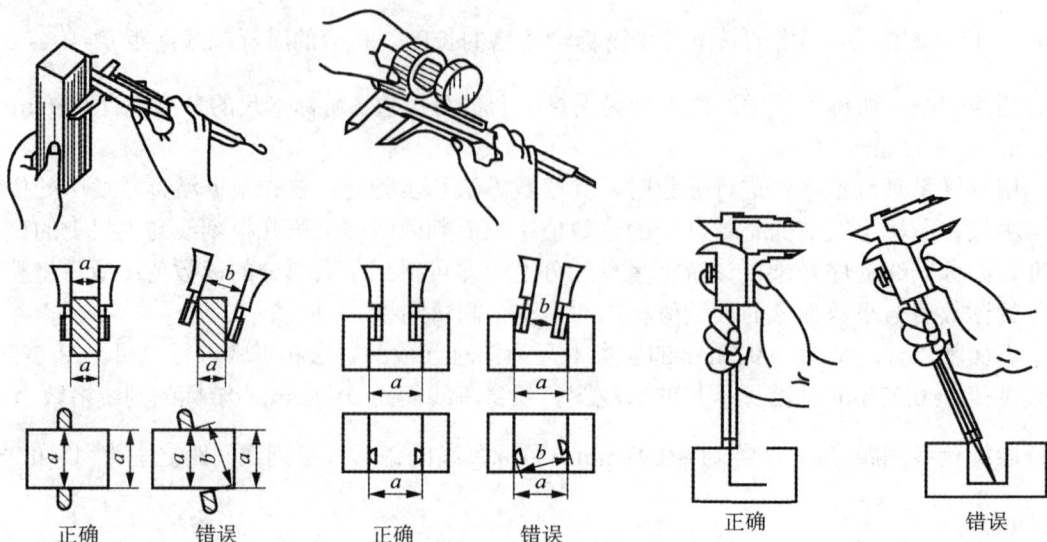

| 正确 | 错误 | 正确 | 错误 | 正确 | 错误 |

图 2-6　游标卡尺的使用

二、测微螺旋量具

测微螺旋量具是利用螺旋副的运动原理进行测量和读数的一种测微量具。按用途可将测微螺旋量具分为外径千分尺、内径千分尺、深度千分尺及专门测量螺纹中径尺寸的螺纹千分尺和测量齿轮公法线长度的公法线千分尺等。

外径千分尺的外形、结构如图 2-7 所示。由图可知，外径千分尺的尺架上装有测砧和锁紧螺钉，固定套筒与尺架结合成一体，测微螺杆微分筒和测力装置结合在一起。当旋转测力装置时，就带动微分筒和测微螺杆一起旋转并利用螺纹传动副沿轴向移动，使两个测量面之间的距离发生变化。

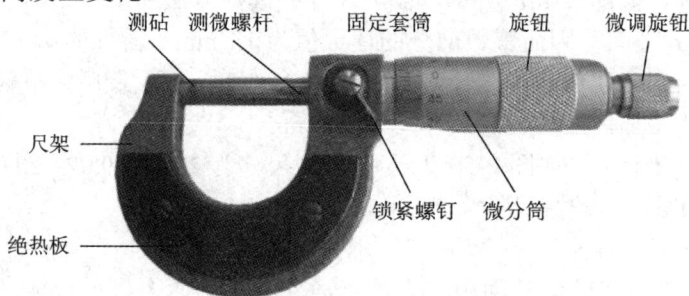

图 2-7　外径千分尺的外形、结构

千分尺测微螺杆的移动量一般为 25 mm，少数大型千分尺也有制成 100 mm 的。

在千分尺的固定套筒上刻有轴向中线，作为微分筒读数的基准线。中线的两侧刻有两排刻线，每排刻线的间距为 1 mm，上下两排相互错开 0.5 mm。测微螺杆的螺距为 0.5 mm，微分筒的外圆周上刻有 50 等分的刻度。当微分筒旋转一周时，测微螺杆沿轴向移动 0.5 mm。例如，当微分筒只转动一格时，螺杆的轴向移动为 0.5/50=0.01 mm，因而 0.01 mm 就是千分尺的分度值。

千分尺的读数方法为：首先从微分筒的边缘向左看固定套筒上距微分筒边缘最近的刻线，从固定套筒中线上侧的刻度读出整数，从中线下侧的刻度读出 0.5 mm 的小数；然后从微分筒上找到与固定套筒中线对齐的刻线，将此刻线数乘以 0.01 mm 就是小于 0.5 mm 的小数部分的读数；最后把以上几部分相加即为测量值。

三、百分表

百分表是应用最为广泛的一种机械式量仪。百分表的分度原理为：百分表的测量杆移动 1 mm，通过齿轮传动系统使大指针回转一周。刻度盘沿圆周刻有 100 个刻度，当指针转过 1 格时，表示所测量的尺寸变化为 1/100＝0.01 mm，所以百分表的分度值为 0.01 mm。

使用百分表座及专用夹具可对长度尺寸进行相对测量。图 2-8 为常用的百分表座和百分表架。测量前先用标准件或量块校对百分表，转动表圈，使表盘的零刻度线对准指针，然后再测量工件，从表中读出工件尺寸相对标准件或量块的偏差，从而确定工件尺寸。使用百分表及相应附件还可测量工件的直线度、平面度及平行度等误差，并在机床上或在偏摆仪等专用装置上测量工件的跳动误差等。这些误差将在后面的章节中讲解。

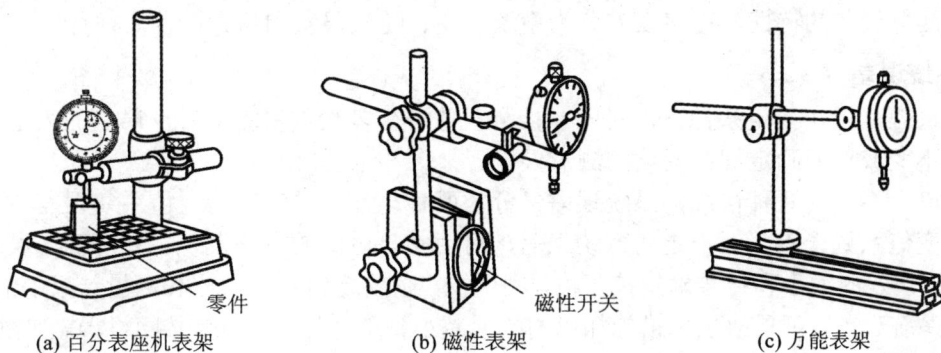

(a) 百分表座机表架　　　　(b) 磁性表架　　　　(c) 万能表架

零件　　　　磁性开关

图 2-8　常用的百分表座和百分表架

任务五　测量误差

一、测量误差及其产生原因

测量误差及分类

不管使用多么精确的测量器具，采用多么可靠的测量方法，都不可避免地会产生一些误差。现在，我们假设被测量的真值为 μ，被测量的测得值为 L，则测量误差可用下式表示，即

$$\delta = L - \mu$$

因为 μ 是真值，所以 δ 也可称为真差。

一般而言，对于被测量的量值，其真值是不知道的，实际上是用实际值或测量结果的算术平均值来代替的。所谓实际值，就是满足规定准确度的用来代替真值的量值。在计量检定中，通常把高一级的标准计量器具所测量的量值称为实际值或传递值。

产生测量误差的原因是多种多样的，归纳起来有以下几个主要方面：

(1) 测量器具误差：指测量器具内在误差，包括设计原理、制造、装配调整存在的误差。

(2) 基准件误差：指常用基准件(如量块或标准件)都存在的制造误差和检验误差。一般来说，基准件的误差不应超过总测量误差的 1/3。

(3) 温度误差：指在实际测量时，由于测量环境、测量器具和被测零件的温度偏离了计量的标准温度，而各物体的膨胀系数又不相同所产生的误差。标准计量温度为 20℃。测量工作最好在标准计量温度下进行，或者力求被测零件的温度与计量器具的温度相等，以减小温度对测量的影响。

(4) 测量力误差：指测量头和被测零件表面机械接触，测量力使测量器具、零件表面受力变形而产生的误差。恒定的测量力可以减少接触测量的误差。高精度仪器测量力应在 1 N(近似 100 gf)以内，一般仪器在 2 N 以内。

(5) 读数误差：指观察者对指示器(指针或刻线)读取数据时，视觉引起的偏差。

二、误差的分类

根据测量误差的特性，可将误差分为系统误差、随机误差和粗大误差三种。

1. 系统误差

系统误差是指在一定条件下，对同一被测量值进行多次重复测量时，误差的大小和符号均保持不变或按一确定规律变化的测量误差。

根据以上不同的两种情况，系统误差又分为两种，前一种情况为定值系统误差，后一种情况为变值系统误差。对于定值系统误差，可用实验对比的方法发现，并可确定误差的大小，根据误差的大小和符号确定校正值，利用校正值将定值系统误差从测量结果中消除；对于变值系统误差，可采取技术措施加以消除或减小到最低程度，然后按随机误差来处理。

2. 随机误差

随机误差是指在同一条件下，多次测量同一量值时，绝对值和符号以不可预定的方式变化着的误差。

产生随机误差的因素很多，这些因素多具有偶然性和不稳定性，如测量机构的间隙、运动件间摩擦力的变化、测量力的变动及温度的波动等，因而随机误差的规律难以掌握，误差的大小和方向预先无法知道。但在对同一被测量值进行大量重复测量时，可发现随机误差符合统计学规律，其误差的大小和正负符号的出现具有确定的概率。

随机误差的分布具有单峰性、对称性、有界性和抵偿性的特点。

(1) 单峰性。多次测得的测量值是以它们的算术平均值为中心而相对集中分布的，绝对值小的误差比绝对值大的误差出现的次数多，就分布而言，在平均尺寸处呈现一个峰值。

(2) 对称性。绝对值相等的正误差和负误差出现的次数大致相等，呈对称形式分布。

(3) 有界性。绝对值很大的误差出现的概率接近于零，即在一定的条件下，随机误差的绝对值不会超过一定的界限。

(4) 抵偿性。对同一量在同一条件下进行重复测量，其随机误差的算术平均值随测量次数的增加而趋近于零。

由于以上特性，我们虽然不能确定每次测量中随机误差的大小，但是能用统计学的方法确定在多次重复测量中随机误差大小的范围，即平均值的极限误差。因此，在精密测量中常用多次测量的算术平均值作为测量结果，而以算术平均值的极限误差来评定测量结果的精密度。实践证明，随着重复测量次数的增加，其测量结果的算术平均值趋近于真值。

3. 粗大误差

粗大误差是指超出规定条件下预期的误差。这种误差是测量者主观上疏忽大意造成的读错、记错或客观条件发生突变(外界干扰、振动)等因素所致。粗大误差使测量结果产生严重的歪曲。测量时应根据判断粗大误差的准则予以确定，然后剔除。

在一般要求的测量中，只要能确定测量的数值中不含有粗大误差，就可将此测量值作为测量的结果。一般地，当测量的精度要求较高时，首先重复进行多次测量，得到一系列数值，从这些数值中剔除含有粗大误差的数值，然后利用校正值从系列数值中消除定值系统误差的影响，最后求系列数值的算术平均值，利用统计学的方法求出极限误差，用算术平均值作为测量的结果，用极限误差评定测量结果的精确度。

三、测量精度

测量精度是指测得值与其真值的接近程度。精度是误差的相对概念，而误差则是不准确、不精确的意思，指测量结果偏离真值的程度。由于误差包含系统误差和随机误差两个部分，因此若测量结果的系统误差小，则称作"正确度"高；若随机误差小，则称作"精密度"高；若系统误差和随机误差都小，则称作"准确度"高。准确度又叫"精度"，精度高表示测量结果偏离真值小，测量数据可靠。

一般来说，精密度高而正确度不一定高，但若准确度高，则精密度和正确度一定都高。现以射击打靶为例加以说明。图 2-9(a)中，随机误差小而系统误差大，表示打靶精密度高而正确度低；图 2-9(b)中，系统误差小而随机误差大，表示打靶正确度高而精密度低；图 2-9(c)中，系统误差和随机误差都小，表示打靶准确度高；图 2-9(d)中，系统误差和随机误差都大，表示打靶准确度低。

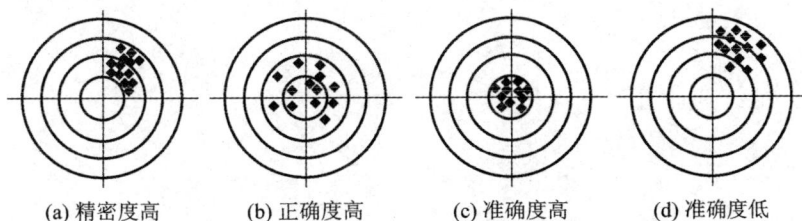

(a) 精密度高   (b) 正确度高   (c) 准确度高   (d) 准确度低

图 2-9 精密度、正确度、准确度

思 考 题

1. 什么是测量? 一个完整的测量过程包含哪些要素?
2. 什么是测量误差?测量误差有几种表示形式? 为什么规定相对误差? 说明下列术语

的区别：

    (1) 绝对测量与相对测量；

    (2) 直接测量与间接测量；

    (3) 示值范围与测量范围；

    (4) 正确度与准确度。

    3. 某计量器具在示值为 40 mm 处的示值误差为+0.004 mm。若用该计量器具测量工件时，读数正好为 40 mm，试确定该工件的实际尺寸。

    4. 用两种测量方法分别测量 100 mm 和 200 mm 两段长度，前者和后者的绝对误差分别是+6 μm 和−8 μm。试确定两者测量精度的高低。

    5. 读出图 2-10 中外径千分尺所示的读数。

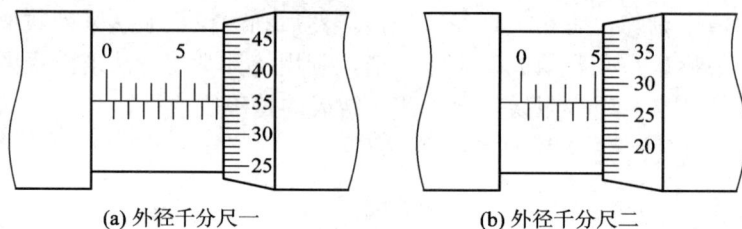

(a) 外径千分尺一   (b) 外径千分尺二

图 2-10　题 6 图

    6. 试选择组合的量块组成 38.935 mm 的尺寸。

项目三　极限与配合基础

【任务引入】

　　机械零部件中孔与轴的配合应用极为广泛，在现代机械产品及零件制造生产中，需要科学合理地设计和确定孔和轴的极限与配合。其中孔与轴的配合是指基本尺寸相同、相互配合的孔与轴公差带之间的关系，而孔与轴的极限是几何量变化的两个极限值。图 3-1 所示为减速器，其传动原理就是靠孔与轴的相互配合完成动力传递和效率变化。那么如何设计减速器中的孔与轴的公差与配合？

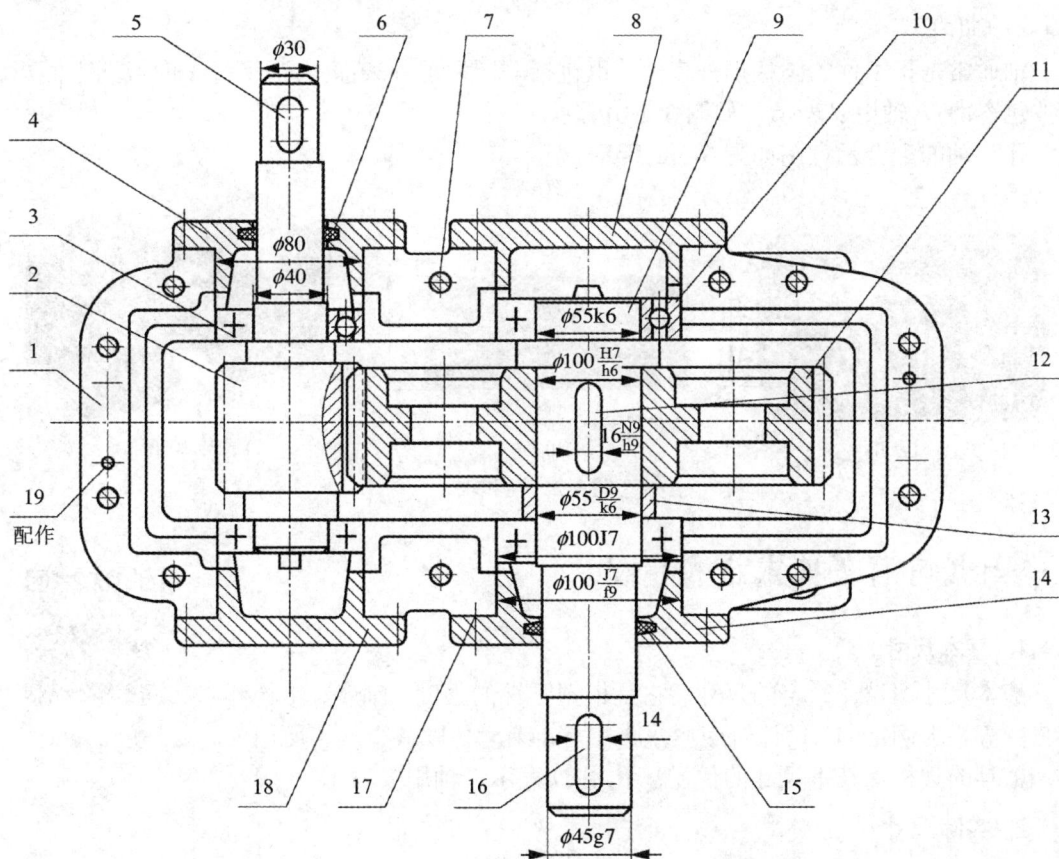

1—箱体；2—输入轴；3、10—轴承；4、8、14、18—端盖；5、12、16—键；6、15—密封圈；
7—螺栓；9—输出轴；11—大齿轮；13—套筒；17—垫片；19—定位销

图 3-1　减速器

【任务思考】

图 3-1 所示的减速器是应用较广的通用机械产品，它由 20 多种零部件装配而成，其中包括箱体孔与轴承、大齿轮内孔与输出轴轴颈等结构的配合。在设计和制造过程中，一定要具有质量意识，严格遵守相关规定和要求，按照其功能作用和制造工艺性对孔和轴的公差和配合进行选择和加工。

任务一　孔和轴的极限与配合

孔和轴

一、有关孔和轴的定义

1. 孔(D)

孔通常是指工件的圆柱形内表面，也包括非圆柱形内表面(由两平行平面或切平面形成的包容面)。孔用 D 表示，如图 3-2(a)所示。

2. 轴(d)

轴通常是指工件的圆柱形外表面，也包括非圆柱形外表面(由两平行平面或切平面形成的被包容面)。轴用 d 表示，如图 3-2(b)所示。

孔和轴的配合示意图如图 3-2(c)所示。

(a) 孔　　　　　　(b) 轴　　　　　　(c) 孔与轴的配合

图 3-2　孔和轴

二、与尺寸有关的术语和定义

1. 基本尺寸

基本尺寸即设计给定的尺寸。它是根据零件的强度、刚度、结构和工艺性等要求确定的。设计时应尽量采用标准尺寸，以减少加工所用刀具、量具的规格。基本尺寸的代号：孔用 D 表示，轴用 d 表示。

基本术语

2. 实际尺寸

实际尺寸即通过测量所得的尺寸。由于存在测量误差，因此实际尺寸并非尺寸的真值。同时受形状误差等影响，零件同一表面不同部位的实际尺寸往往是不等的。实际尺寸的代号：孔用 D_a 表示，轴用 d_a 表示。

3. 极限尺寸

极限尺寸即允许尺寸变化的两个界限值。两个极限尺寸中较大的一个称为最大极限尺寸，较小的一个称为最小极限尺寸。

极限尺寸可大于、小于或等于基本尺寸。合格零件的实际尺寸应在两极限尺寸之间。极限尺寸的代号：孔用 $D_{\max}$、$D_{\min}$ 表示，轴用 $d_{\max}$、$d_{\min}$ 表示。

三、与公差偏差有关的术语和定义

标准公差和
基本偏差

1. 尺寸偏差

某一尺寸减其基本尺寸所得的代数差称为尺寸偏差，简称偏差。偏差可以为正、负或零值。

实际尺寸减其基本尺寸所得的代数差称为实际偏差。

极限尺寸减其基本尺寸所得的代数差称为极限偏差。当极限尺寸大于、小于或等于基本尺寸时，其极限偏差分别为正、负或零值。极限偏差有上偏差和下偏差两种。

最大极限尺寸减其基本尺寸所得的代数差称为上偏差。若孔的上偏差以代号 ES 表示，轴的上偏差以代号 es 表示，则

$$\begin{cases} ES = D_{\max} - D \\ es = d_{\max} - d \end{cases} \tag{3-1}$$

最小极限尺寸减其基本尺寸所得的代数差称为下偏差。若孔的下偏差以代号 EI 表示，轴的下偏差以代号 ei 表示，则

$$\begin{cases} EI = D_{\min} - D \\ ei = d_{\min} - d \end{cases} \tag{3-2}$$

为方便起见，通常在图样上标注极限偏差而不标注极限尺寸。

2. 尺寸公差

允许尺寸的变动量称为尺寸公差，简称公差，以代号 T 表示。

公差等于最大极限尺寸与最小极限尺寸的代数差，也等于上偏差与下偏差的代数差。由式(3-1)和式(3-2)可知，孔公差为

$$T_D = |D_{\max} - D_{\min}| = |ES - EI| \tag{3-3}$$

轴公差为

$$T_d = |d_{\max} - d_{\min}| = |es - ei| \tag{3-4}$$

由上述内容可知，公差总为正

尺寸、公差与偏差的概念可用如图 3-3 所示的公差与配合示意图表示。

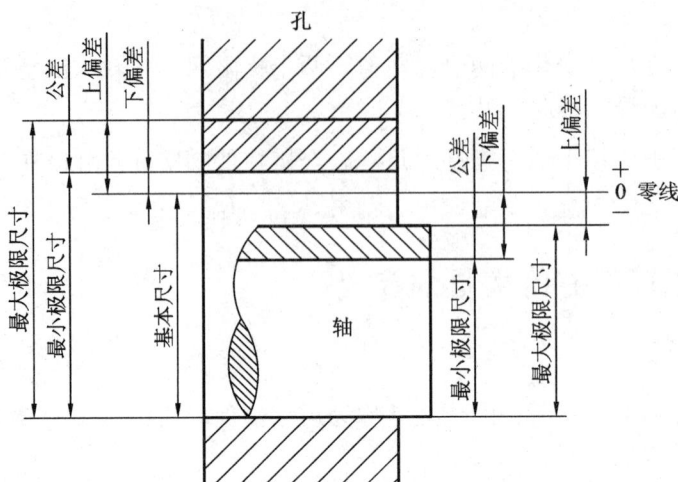

图 3-3　公差与配合示意图

四、公差带及公差带图

由公差的定义可知，公差的数值比基本尺寸的数值小得多，不能用同一比例画在同一张示意图上，故采用简明的极限与配合图解(简称公差带图)来表示。如图 3-4 所示为孔、轴公差带图。

公差带的定义和画法

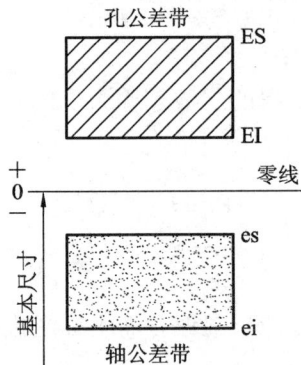

图 3-4　孔、轴公差带图

1. 零线

在公差带图中，确定偏差的一条基准线称为零线。通常以零线表示基本尺寸，偏差由此零线算起，零线以上为正偏差，零线以下为负偏差。

2. 尺寸公差带

在公差带图中，由代表上、下偏差的两条直线所限定的区域称为尺寸公差带(简称公差带)。公差带在垂直零线方向的宽度代表公差值，上线表示上偏差，下线表示下偏差。公差带沿零线方向长度可适当选取。在图 3-4 中，尺寸、偏差及公差的单位都为毫米(mm)。

3. 标准公差

国家标准规定的公差数值表中所列的，用以确定公差带大小的任一公差称为标准公差。

4. 基本偏差

用以确定公差带相对于零线位置的上偏差或下偏差称为基本偏差。一般以靠近零线的那个偏差作为基本偏差。当公差带位于零线的上方时，其下偏差为基本偏差；当公差带位于零线的下方时，其上偏差为基本偏差。

五、有关配合的术语定义

1. 配合

配合是指基本尺寸相同的，相互结合的孔和轴公差带之间的关系。

配合公差的
定义和计算

2. 间隙(X)或过盈(Y)

在轴与孔的配合中，对于孔的尺寸减去轴的尺寸所得的代数差，当差值为正时称为间隙，用 X 表示；当差值为负时称为过盈，用 Y 表示。

标准规定：配合分为间隙配合、过盈配合和过渡配合。

1) 间隙配合

具有间隙(包括最小间隙等于零)的配合称为间隙配合。在间隙配合中，孔的公差带在轴的公差带之上，如图3-5所示。

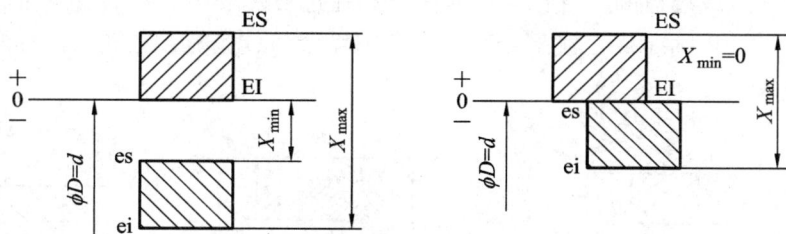

图 3-5　间隙配合图

当孔为最大极限尺寸而轴为最小极限尺寸时，装配后得到最大间隙 X_{max}；当孔为最小极限尺寸而轴为最大极限尺寸时，装配后得到最小间隙 X_{max}。

最大间隙：

$$X_{max}=D_{max}-d_{min}=ES-ei \tag{3-5}$$

最小间隙：

$$X_{min}=D_{min}-d_{max}=EI-es \tag{3-6}$$

平均间隙：

$$X_{av}=\frac{1}{2}(X_{max}+X_{min}) \tag{3-7}$$

2) 过盈配合

具有过盈(包括最小过盈等于零)的配合称为过盈配合。在过盈配合中，孔的公差带在轴的公差带之下，如图3-6所示。

当孔为最小极限尺寸而轴为最大极限尺寸时，装配后得到最大过盈 Y_{max}；当孔为最大极限尺寸而轴为最小极限尺寸时，装配后得到最小过盈 Y_{max}。

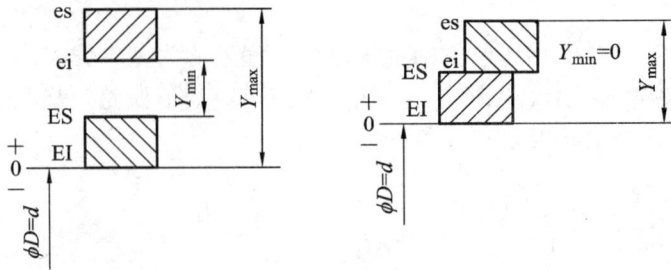

图 3-6　过盈配合图

最大过盈：

$$Y_{max} = D_{min} - d_{max} = EI - es \tag{3-8}$$

最小过盈：

$$Y_{min} = D_{max} - d_{min} = ES - ei \tag{3-9}$$

平均过盈：

$$Y_{av} = \frac{1}{2}(Y_{max} + Y_{min}) \tag{3-10}$$

3) 过渡配合

可能具有间隙或过盈的配合称为过渡配合。在过渡配合中，孔的公差带与轴的公差带相互交叠，如图 3-7 所示。过渡配合是介于间隙配合与过盈配合之间的一种配合，但间隙和过盈量都不大。

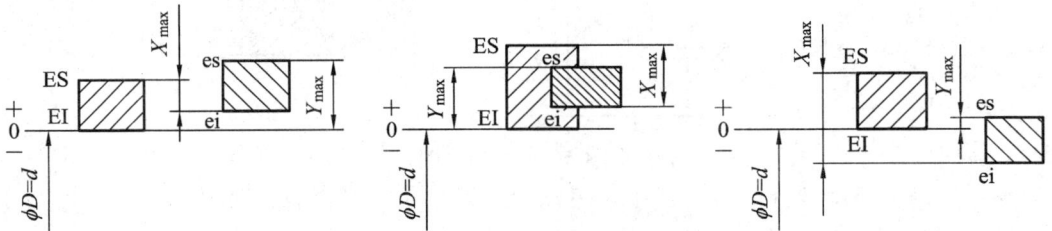

图 3-7　过渡配合图

当孔为最大极限尺寸而轴为最小极限尺寸时，装配后得到最大间隙 X_{max}；当孔为最小极限尺寸而轴为最大极限尺寸时，装配后得到最大过盈 X_{max}。

最大间隙：

$$X_{max} = D_{max} - d_{min} = ES - ei \tag{3-11}$$

最大过盈：

$$Y_{max} = D_{min} - d_{max} = EI - es \tag{3-12}$$

3. 配合公差

允许间隙或过盈的变动量称为配合公差。它表明配合松紧程度的变化范围。配合公差用 T_f 表示，它是一个没有正负号的绝对值。

对间隙配合：

$$T_f = |X_{max} - X_{min}| \tag{3-13}$$

对过盈配合：

$$T_f = |Y_{max} - X_{min}| \tag{3-14}$$

3-6　极限尺寸的计算实例

对过渡配合：

$$T_f = |X_{max} - Y_{max}| \tag{3-15}$$

在式(3-13)～式(3-15)中，把最大、最小间隙和过盈分别用孔、轴的极限尺寸或极限偏差带入，可得三种配合的配合公差都为

$$T_f = T_D + T_d \tag{3-16}$$

任务二　极限与配合国家标准

一、标准公差系列

标准公差系列和基本偏差系列

标准公差是国家标准规定的极限与配合制中所规定的任一公差。GB/T 1800.1—2020《产品几何技术规范(GPS)线性尺寸公差 ISO 代号体系　第 1 部分：公差、偏差和配合的基础》规定的标准公差数值如表 3-1 所示。由表可知，标准公差数值由公差等级和基本尺寸决定。

表 3-1　标准公差数值表(GB/T 1800.1—2020)

公称尺寸/mm		标准公差等级																		
		IT01	IT0	IT1	IT2	IT3	IT4	IT5	IT6	IT7	IT8	IT9	IT10	IT11	IT12	IT13	IT14	IT15	IT16	IT17	IT18
大于	至	标准公差数值																		
		μm												mm						
—	3	0.3	0.5	0.8	1.2	2	3	4	6	10	14	25	40	60	0.1	0.14	0.25	0.4	0.6	1	1.4
3	6	0.4	0.6	1	1.5	2.5	4	5	8	12	18	30	48	75	0.12	0.18	0.3	0.48	0.75	1.2	1.8
6	10	0.4	0.6	1	1.5	2.5	4	6	9	15	22	36	58	90	0.15	0.22	0.36	0.58	0.9	1.5	2.2
10	18	0.5	0.8	1.2	2	3	5	8	11	18	27	43	70	110	0.18	0.27	0.43	0.7	1.1	1.8	2.7
18	30	0.6	1	1.5	2.5	4	6	9	13	21	33	52	84	130	0.21	0.33	0.52	0.84	1.3	2.1	3.3
30	50	0.6	1	1.5	2.5	4	7	11	16	25	39	62	100	160	0.25	0.39	0.62	1	1.6	2.5	3.9
50	80	0.8	1.2	2	3	5	8	13	19	30	46	74	120	190	0.3	0.46	0.74	1.2	1.9	3	4.6
80	120	1	1.5	2.5	4	6	10	15	22	35	54	87	140	220	0.35	0.54	0.87	1.4	2.2	3.5	5.4
120	180	1.2	2	3.5	5	8	12	18	25	40	63	100	160	250	0.4	0.63	1	1.6	2.5	4	6.3
180	250	2	3	4.5	7	10	14	20	29	46	72	115	185	290	0.46	0.72	1.15	1.85	2.9	4.6	7.2
250	315	2.5	4	6	8	12	16	23	32	52	81	130	210	320	0.52	0.81	1.3	2.1	3.2	5.2	8.1
315	400	3	5	7	9	13	18	25	36	57	89	140	230	360	0.57	0.89	1.4	2.3	3.6	5.7	8.9
400	500	4	6	8	10	15	20	27	40	63	97	155	250	400	0.63	0.97	1.55	2.5	4	6.3	9.7
500	630			9	11	16	22	32	44	70	110	175	280	440	0.7	1.1	1.75	2.8	4.4	7	11
630	800			10	13	18	25	36	50	80	125	200	320	500	0.8	1.25	2	3.2	5	8	12.5
800	1 000			11	15	21	28	40	56	90	140	230	360	560	0.9	1.4	2.3	3.6	5.6	9	14
1 000	1 250			13	18	24	33	47	66	105	165	260	420	660	1.05	1.65	2.6	4.2	6.6	10.5	16.5
1 250	1 600			15	21	29	39	55	78	125	195	310	500	780	1.25	1.95	3.1	5	7.8	12.5	19.5
1 600	2 000			18	25	35	46	65	92	150	230	370	600	920	1.5	2.3	3.7	6	9.2	15	23
2 000	2 500			22	30	41	55	78	110	175	280	440	700	1 100	1.75	28	4.4	7	11	17.5	28
2 500	3 150			26	36	50	68	96	135	210	330	540	860	1 350	2.1	3.3	5.4	8.6	13.5	21	33

表 3-1 中，在基本尺寸小于 500 mm 内规定了 IT01，IT0，IT1，…，ITl8 共 20 个标准公差等级，在 500～3150 mm 内规定了 ITl～ITl8 共 18 个标准公差等级，精度依次降低。

二、基本偏差系列

1. 基本偏差的种类及代号

国家标准(简称国标)中已将基本偏差标准化，规定了孔、轴各 28 种公差带位置，分别用拉丁字母表示，即在 26 个拉丁字母中去掉易与其他含义混淆的五个字母 I、L、O、Q、W(i、l、o、q、w)，同时增加 CD、EF、FG、JS、ZA、ZB、ZC(cd、ef、fg、js、za、zb、zc)七个双字母，共 28 种。孔、径基本偏差系列如图 3-8 所示。

基本偏差系列中的 H(h)的基本偏差为零，JS(js)与零线对称，上偏差 ES(es)=±IT/2，下差 EI(ei)=IT/2，上、下偏差均可作为基本偏差。

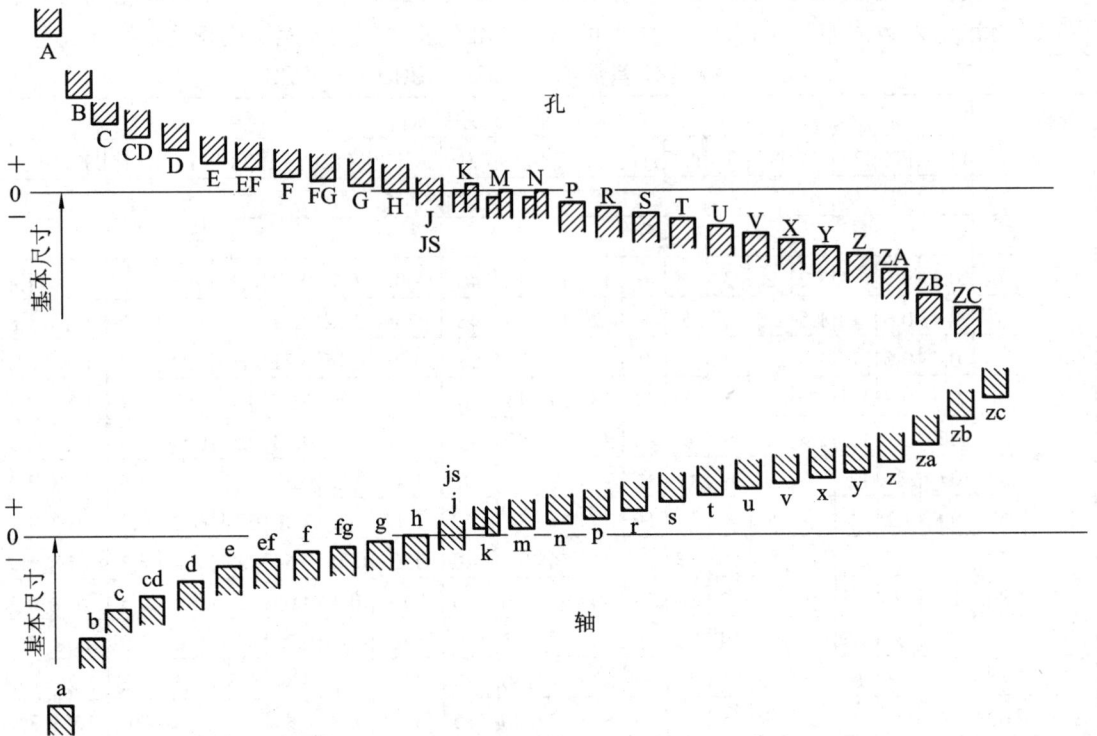

图 3-8 孔、轴基本偏差系列

从 A～H(a～h)，基本偏差的绝对值逐渐减小；从 J～ZC(j～zc)，基本偏差的绝对值逐渐增大。

从图 3-8 可知，在孔的基本偏差系列中，A～H 的基本偏差为下偏差，J～ZC 的基本偏差为上偏差；在轴的基本偏差中，a～h 的基本偏差为上偏差，j～zc 的基本偏差为下偏差。

公差带的另一极限偏差"开口"表示其公差等级未定。

孔、轴的绝大多数基本偏差数值不随公差等级变化，只有极少数基本偏差(js、k、j)的数值随公差等级变化。

2. 基准制

为了有利于标准化,以尽可能少的标准公差带形成最多种的配合,国家标准规定了两种基准制:基孔制和基轴制。如有特殊需要,允许将任一孔、轴公差带组成配合。

1) 基孔制

基孔制是指基本偏差为一定的孔的公差带,与不同基本偏差的轴的公差带形成各种配合的一种制度,如图 3-9(a)所示。

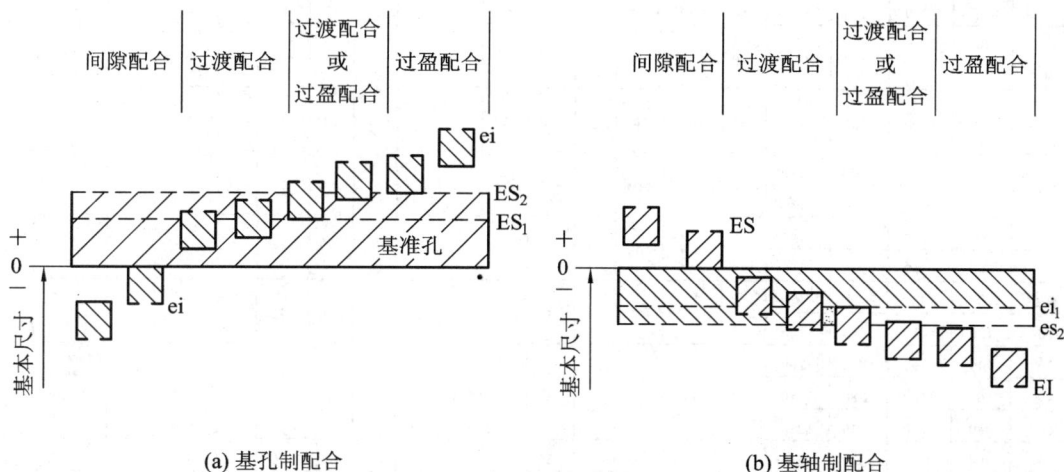

(a) 基孔制配合   (b) 基轴制配合

图 3-9 配合制

在基孔制中,孔是基准件,称为基准孔;轴是非基准件,称为配合轴。同时规定,基准孔的基本偏差是下偏差,且等于零,即 EI=0,并以基本偏差代号 H 表示,应优先选用。

2) 基轴制

基轴制是指基本偏差为一定的轴的公差带,与不同基本偏差的孔的公差带形成各种配合的一种制度,如图 3-9(b)所示。

在基轴制中,轴是基准件,称为基准轴;孔是非基准件,称为配合孔。同时规定,基准轴的基本偏差是上偏差,且等于零,即 es=0,并以基本偏差代号 h 表示。

3) 基本偏差的构成规律

在孔和轴的各种基本偏差中,A~H 和 a~h 与基准件相配时为间隙配合;J~N 和 j~n 与基准件相配时多为过渡配合;P~C 和 p~c 与基准件相配时为过盈配合,如图 3-9 所示。基本尺寸小于等于 500 mm 时,孔的 28 种基本偏差,除了 JS 与 js(二者若相同也表示对零线对称分布的公差带,其极限偏差为±IT/2),其余 27 种基本偏差的数值都是由相应代号的轴的基本偏差的数值按照一定的规则(即呈线性关系)换算得到的。在基本尺寸大于 500 mm 的基孔制或基轴制中,给定某一公差等级的孔要与更精一级的轴相配(例如 H7/p6 和 p7/h6),并要求具有同等的间隙或过盈,此时,计算的孔的基本偏差应附加一个值,即 ES=ES(计算值)+Δ。表 3-2 为孔的基本偏差数值表。表 3-3 为轴的基本偏差数值表。

表 3-2　孔的基本偏差数值

下极限偏差 EI 适用于所有公差等级；上极限偏差 ES 按公差等级分列。JS 偏差 $=\pm IT_n/2$，式中 n 为标准公差等级数。

公称尺寸/mm 大于	至	A①	B①	C	CD	D	E	EF	F	FG	G	H	JS	J IT6	J IT7	J IT8	K ≤IT8	K >IT8	M② ≤IT8	M② >IT8
—	3	+270	+140	+60	+34	+20	+14	+10	+6	+4	+2	0		+2	+4	+6	0	0	−2	−2
3	6	+270	+140	+70	+46	+30	+20	+14	+10	+6	+4	0		+5	+6	+10	−1+Δ		−4+Δ	−4
6	10	+280	+150	+80	+56	+40	+25	+18	+13	+8	+5	0		+5	+8	+12	−1+Δ		−6+Δ	−6
10	14	+290	+150	+95	+70	+50	+32	+23	+16	+10	+6	0		+6	+10	+15	−1+Δ		−7+Δ	−7
14	18	+290	+150	+95	+70	+50	+32	+23	+16	+10	+6	0		+6	+10	+15	−1+Δ		−7+Δ	−7
18	24	+300	+160	+110	+85	+65	+40	+28	+20	+12	+7	0		+8	+12	+20	−2+Δ		−8+Δ	−8
24	30	+300	+160	+110	+85	+65	+40	+28	+20	+12	+7	0		+8	+12	+20	−2+Δ		−8+Δ	−8
30	40	+310	+170	+120	+100	+80	+50	+35	+25	+15	+9	0		+10	+14	+24	−2+Δ		−9+Δ	−9
40	50	+320	+180	+130	+100	+80	+50	+35	+25	+15	+9	0		+10	+14	+24	−2+Δ		−9+Δ	−9
50	65	+340	+190	+140		+100	+60		+30		+10	0		+13	+18	+28	−2+Δ		−11+Δ	−11
65	80	+360	+200	+150		+100	+60		+30		+10	0		+13	+18	+28	−2+Δ		−11+Δ	−11
80	100	+380	+220	+170		+120	+72		+36		+12	0		+16	+22	+34	−3+Δ		−13+Δ	−13
100	120	+410	+240	+180		+120	+72		+36		+12	0		+16	+22	+34	−3+Δ		−13+Δ	−13
120	140	+460	+260	+200		+145	+85		+43		+14	0		+18	+26	+41	−3+Δ		−15+Δ	−15
140	160	+520	+280	+210		+145	+85		+43		+14	0		+18	+26	+41	−3+Δ		−15+Δ	−15
160	180	+580	+310	+230		+145	+85		+43		+14	0		+18	+26	+41	−3+Δ		−15+Δ	−15
180	200	+660	+340	+240		+170	+100		+50		+15	0		+22	+30	+47	−4+Δ		−17+Δ	−17
200	225	+740	+380	+260		+170	+100		+50		+15	0		+22	+30	+47	−4+Δ		−17+Δ	−17
225	250	+820	+420	+280		+170	+100		+50		+15	0		+22	+30	+47	−4+Δ		−17+Δ	−17
250	280	+920	+480	+300		+190	+110		+56		+17	0		+25	+36	+55	−4+Δ		−20+Δ	−20
280	315	+1050	+540	+330		+190	+110		+56		+17	0		+25	+36	+55	−4+Δ		−20+Δ	−20
315	355	+1200	+600	+360		+210	+125		+62		+18	0		+29	+39	+60	−4+Δ		−21+Δ	−21
355	400	+1350	+680	+400		+210	+125		+62		+18	0		+29	+39	+60	−4+Δ		−21+Δ	−21
400	450	+1550	+760	+440		+230	+135		+68		+20	0		+33	+43	+66	−5+Δ		−23+Δ	−23
450	500	+1600	+840	+480		+230	+135		+68		+20	0		+33	+43	+66	−5+Δ		−23+Δ	−23
500	560					+260	+145		+76		+22	0					0			−26
560	630					+260	+145		+76		+22	0					0			−26
630	710					+290	+160		+80		+24	0					0			−30
710	800					+290	+160		+80		+24	0					0			−30
800	900					+320	+170		+86		+26	0					0			−34
900	1000					+320	+170		+86		+26	0					0			−34
1000	1120					+350	+195		+98		+28	0					0			−40
1120	1250					+350	+195		+98		+28	0					0			−40
1250	1400					+390	+220		+110		+30	0					0			−48
1400	1600					+390	+220		+110		+30	0					0			−48
1600	1800					+430	240		+120		+32	0					0			−58
1800	2000					+430	240		+120		+32	0					0			−58
2000	2240					+480	+260		+130		+34	0					0			−68
2240	2500					+480	+260		+130		+34	0					0			−68
2500	2800					+520	+290		+145		+38	0					0			−76
2800	3150					+520	+290		+145		+38	0					0			−76

① 公称尺寸≤1 mm 时，不适用基本偏差 A 和 B。

② 特例：对于公称尺寸大于 250 mm～315 mm 的公差代号 M6，ES＝−9 μm 计算结果不是−11 μm)。

(GB/T 1800.1－2020)

注：表中 ≤IT7 的 P~ZC① 列为"在>IT7的标准公差等级的基本偏差数值上增加一个Δ值"。P、R、S、T、U、V、X、Y、Z、ZA、ZB、ZC 列为">IT7 的标准公差等级"的基本偏差数值；IT3~IT8 列为 Δ 值（标准公差等级）。

公称尺寸/mm 大于	至	N①② ≤IT8	N①② >IT8	P~ZC① ≤IT7	P	R	S	T	U	V	X	Y	Z	ZA	ZB	ZC	IT3	IT4	IT5	IT6	IT7	IT8
	3	−4	−4		−6	−10	−14		−18		−20		−26	−32	−40	−60	0	0	0	0	0	0
3	6	−8+Δ	0		−12	−15	−19		−23		−28		−35	−42	−50	−80	1	1.5	1	3	4	6
6	10	−10+Δ	0		−15	−19	−23		−28		−34		−42	−52	−67	−97	1	1.5	2	3	6	7
10	14	12+Δ	0		18	23	28		33		−40		−50	−64	−90	−130	1	2	3	3	7	9
14	18									−39	−45		−60	−77	−108	−150						
18	24	−15+Δ	0		−22	−28	−35		−41	−47	−54	−63	−73	−98	−136	−188	1.5	2	3	4	8	12
24	30							−41	−48	−55	−64	−75	−88	−118	−160	−218						
30	40	−17+Δ	0		−26	−34	−43	−48	−60	−68	−80	−94	−112	−148	−200	−274	1.5	3	4	5	9	14
40	50							−54	−70	−81	−97	−114	−136	−180	−242	−325						
50	65	−20+Δ	0		−32	−41	−53	−66	−87	−102	−122	−144	−172	−226	−300	−405	2	3	5	6	11	16
65	80					−43	−59	−75	−102	−120	−146	−174	−210	−274	−360	−480						
80	100	−23+Δ	0		−37	−51	−71	−91	−124	−146	−178	−214	−258	−335	−445	−585	2	4	5	7	13	19
100	120					−54	−79	−104	−144	−172	−210	−254	−310	−400	−525	−690						
120	140	−27+Δ	0		−43	−63	−92	−122	−170	−202	−248	−300	−365	−470	−620	−800	3	4	6	7	15	23
140	160					−65	−100	−134	−190	−228	−280	−340	−415	−535	−700	−900						
160	180					−68	−108	−146	−210	−252	−310	−380	−465	−600	−780	−1 000						
180	200	−31+Δ	0		−50	−77	−122	−166	−236	−284	−350	−425	−520	−670	−880	−1 150	3	4	6	9	17	26
200	225					−80	−130	−180	−258	−310	−385	−470	−575	−740	−960	−1 250						
225	250					−84	−140	−196	−284	−340	−425	−520	−640	−820	−1 050	−1 350						
250	280	−34+Δ	0		−56	−94	−158	−218	−315	−385	−475	−580	−710	−920	−1 200	−1 550	4	4	7	9	20	29
280	315					−98	−170	−240	−350	−425	−525	−650	−790	−1 000	−1 300	−1 700						
315	355	−37+Δ	0		−62	−108	−190	−268	−390	−475	−590	−730	−900	−1 150	−1 500	−1 900	4	5	7	11	21	32
355	400					−114	−208	−294	−435	−530	−660	−820	−1 000	−1 300	−1 650	−2 100						
400	450	−40+Δ	0		−68	−126	−232	−330	−490	−595	−740	−920	−1 100	−1 450	−1 850	−2 400	5	5	7	13	23	34
450	500					−132	−252	−360	−540	−660	−820	−1 000	−1 250	−1 600	−2 100	−2 600						
500	560	−44			−78	−150	−280	−400	−600													
560	630					−155	−310	−450	−660													
630	710	−50			−88	−175	−340	−500	−740													
710	800					−185	−380	−560	−840													
800	900	−56			−100	−210	−430	−620	−940													
900	1 000					−220	−470	−680	−1 050													
1 000	1 120	−66			−120	−250	−520	−780	−1 150													
1 120	1 250					−260	−580	−840	−1 300													
1 250	1 400	−78			−140	−300	−640	−960	−1 450													
1 400	1 600					−330	−720	−1 050	−1 600													
1 600	1 800	−92			−170	−370	−820	−1 200	−1 850													
1 800	2 000					−400	−920	−1 350	−2 000													
2 000	2 240	−110			−195	−440	−1 000	−1 500	−2 300													
2 240	2 500					−460	−1 100	−1 650	−2 500													
2 500	2 800	−135			−240	−550	−1 250	−1 900	−2 900													
2 800	3 150					−580	−1 400	−2 100	−3 200													

注：公称尺寸≤1 mm 时，不使用标准公差等级>IT8 的基本偏差 N。

表 3-3　轴的基本偏差数值

公称尺寸/mm 大于	至	a[①]	b[①]	c	cd	d	e	ef	f	fg	g	h	js	j IT5和IT6	j IT7	j IT8
—	3	−270	−140	−60	−34	−20	−14	−10	−6	−4	−2	0	偏差=±ITn/2，式中，n是标准公差等级数	−2	−4	−6
3	6	−270	−140	−70	−46	−30	−20	−14	−10	−6	−4	0		−2	−4	
6	10	−280	−150	−80	−56	−40	−25	−18	−13	−8	−5	0		−2	−5	
10	14	−290	−150	−95	−70	−50	−32	−23	−16	−10	−6	0		−3	−6	
14	18															
18	24	−300	−160	−110	−85	−65	−40	−25	−20	−12	−7	0		−4	−8	
24	30															
30	40	−310	−170	−120	−100	−80	−50	−35	−25	−15	−9	0		−5	−10	
40	50	−320	−180	−130												
50	65	−340	−190	−140		−100	−60		−30		−10	0		−7	−12	
65	80	−360	−200	−150												
80	100	−380	−220	−170		−120	−72		−36		−12	0		−9	−15	
100	120	−410	−240	−180												
120	140	−460	−260	−200												
140	160	−520	−280	−210		145	85		43		14	0		11	18	
160	180	−580	−310	−230												
180	200	−660	−340	−240												
200	225	−740	−380	−260		−170	−100		−50		−15	0		−13	−21	
225	250	−820	−420	−280												
250	280	−920	−480	−300		−190	−110		−56		−17	0		−16	−26	
280	315	−1 050	−540	−330												
315	355	−1 200	−600	−360		−210	−125		−62		−18	0		−18	−28	
355	400	−1 350	−680	−400												
400	450	−1 500	−760	−440		−230	−135		−68		−20	0		−20	−32	
450	500	−1 650	−840	−480												
500	560					−260	−145		−76		−22	0				
560	630															
630	710					−290	−160		−80		−24	0				
710	800															
800	900					−320	−170		−86		−26	0				
900	1 000															
1 000	1 120					−350	−195		−98		−28	0				
1 120	1 250															
1 250	1 400					−390	−220		−110		−30	0				
1 400	1 600															
1 600	1 800					−430	−240		−120		−32	0				
1 800	2 000															
2 000	2 240					−480	−260		−130		−34	0				
2 240	2 500															
2 500	2 800					520	290		145		38	0				
2 800	3 150															

① 公称尺寸≤1 mm 时，不使用基本偏差 a 和 b。

(GB/T 1800.1—2020)

| 公称尺寸/mm | | 基本偏差数值 上极限偏差，ei | | | | | | | | | | | | | | | |
| 大于 | 至 | IT4至IT7 | ≤IT3,>IT7 | 所有公差等级 | | | | | | | | | | | | | |
		k	k	m	n	p	r	s	t	u	v	x	y	z	za	zb	zc
—	3	0	0	+2	+4	+6	+10	+14		+18		+20		+26	+32	+40	+60
3	6	−1	0	+4	+8	+12	+15	+19		+23		+28		+35	+42	+50	+80
6	10	−1	0	+6	+10	+15	+19	+23		+28		+34		+42	+52	+67	+97
10	14	−1	0	+7	+12	+18	+23	+28		+33		+40		+50	+64	+90	+130
14	18										+39	+45		+60	+77	+108	+150
18	24	−2	0	+8	+15	+22	+28	+35		+41	+48	+54	+63	+73	+98	+136	+188
24	30								+41	+48	+55	+64	+75	+88	+118	+160	+218
30	40	−2	0	+9	+17	+26	+34	+43	+48	+60	+68	+80	+94	−112	+148	+200	+274
40	50								+54	+70	+81	+97	−114	−136	+180	+242	+325
50	65	−2	0	+11	+20	+32	+41	+53	+66	+87	+102	+122	−144	−172	+226	+300	+405
65	80						+43	+59	+75	+102	+120	+146	−174	−210	+274	+360	+480
80	100	−3	0	+13	+23	+37	+51	+71	+91	+124	+146	+178	−214	−258	+335	+445	+585
100	120						+54	+79	+104	+144	+172	+210	+254	+310	+400	+525	+690
120	140	3	0	+15	+27	+43	+63	+92	+122	+170	+202	+248	−300	−365	+470	+620	+800
140	160						+65	+100	+134	+190	+228	+280	340	+415	+535	+700	+900
160	180						+68	+108	+146	+210	+252	+310	−380	−465	+600	+780	+1 000
180	200	−4	0	+17	+31	+50	+77	+122	+166	+236	+284	+350	+425	+520	+670	+880	+1 150
200	225						+80	+130	+180	+258	+310	+385	+470	+575	+740	+960	+1 250
225	250						+84	+140	+196	+284	+340	+425	+520	+640	+820	−1 050	+1 350
250	280	−4	0	+20	+34	+56	+94	+158	+218	+315	+385	+475	+580	+710	+920	−1 200	+1 550
280	315						+98	+170	+240	+350	+425	+525	+650	+790	−1 000	−1 300	+1 700
315	355	−4	0	+21	+37	+62	+108	+190	+268	+390	+475	+590	+730	+900	−1 150	−1 500	+1 900
355	400						+114	+208	+294	+435	+630	+660	+820	+1 000	−1 300	−1 650	+2 100
400	450	−5	0	+23	+40	+68	+126	+232	+330	+490	+595	+740	+920	+1 100	−1 450	−1 850	+2 400
450	500						+132	+252	+360	+540	+660	+820	+1 000	+1 250	−1 600	−2 100	+2 600
500	560	0	0	+26	+44	+78	+150	+280	+400	+600							
560	630						+155	+310	+450	+660							
630	710		0	+30	+50	+88	+175	+340	+500	+740							
710	800	0					+185	+380	+560	+840							
800	900	0	0	+34	+56	+100	+210	+430	+620	+940							
900	1 000						+220	+470	+680	+1 050							
1 100	1 120	0	0	+40	+66	+120	+250	+520	+780	+1 150							
1 120	1 250						+260	+580	+840	+1 300							
1 250	1 400		0	+48	+78	+140	+300	+640	+960	+1 450							
1 400	1 600	0					+330	+720	+1 050	+1 600							
1 600	1 800	0	0	+58	+92	+170	+370	+820	+1 200	+1 850							
1 800	2 000						+400	+920	+1 350	+2 000							
2 000	2 240	0	0	+68	+110	+195	+440	+1 000	+1 500	+2 300							
2 240	2 500						460	+1 100	+1 650	+2 500							
2 500	2 800	0	0	+76	+135	+240	+550	+1 250	+1 900	+2 900							
2 800	3 150						+580	+1 400	+2 100	+3 200							

三、国标中规定的公差带与配合

原则上 GB/T 1800.1—2020 允许任一孔、轴组成配合。但为了简化标准和使用方便，根据实际需要规定了优先、常用和一般用途的孔、轴公差带，从而有利于生产和减少刀具、量具的规格、数量，方便于技术工作。如图 3-10 所示为基本尺寸至 500 mm 孔、轴优先和常用公差带，应按顺序选用。图 3-11 为基孔制优先、常用配合。图 3-12 为基轴制优先、常用配合。对于通常的工程目的，图 3-11 和图 3-12 中的配合可满足普通工程机构需要。基于经济因素，如有可能，配合应优先选择框中所示的公差带代号，可由基孔制获得符合要求的配合，或在特定应用中由基轴制获得。

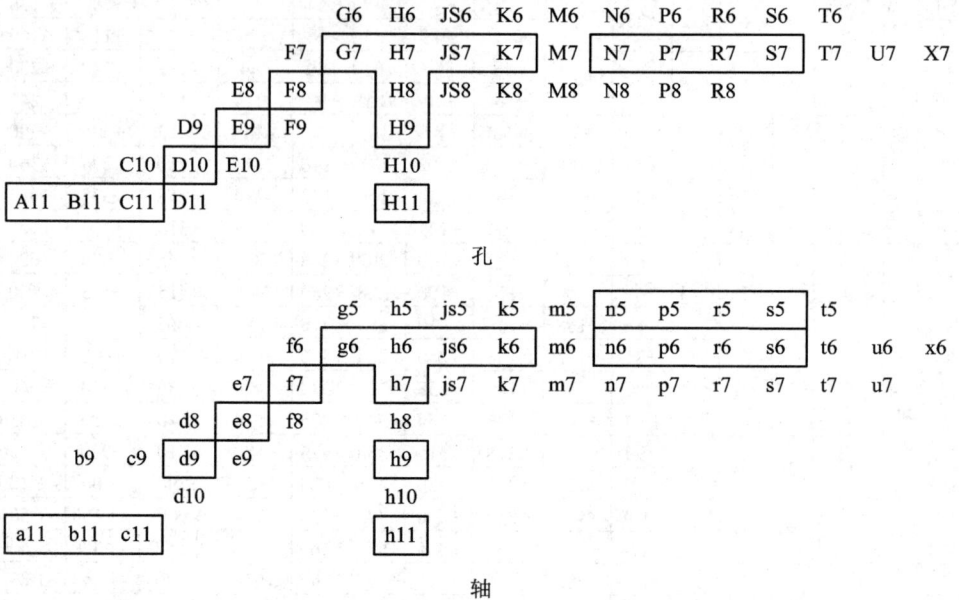

图 3-10　基本尺寸至 500 mm 孔、轴优先和公差带

(图中方框中的为优先公差带，其他为常用公差带。)

基准孔	轴公差带代号																
	间隙配合							过渡配合				过盈配合					
H6						g5	h5	js5	k5	m5		n5	p5					
H7					f6	g6	h6	js6	k6	m6	n6	p6	r6	s6	t6	u6	x6
H8			e7	f7		h7	js7	k7	m7					s7		u7	
		d8	e8	f8		h8											
H9		d8	e8	f8		h8											
H10	b9	c9	d9	e9		h9											
H11	b11	c11	d10			h10											

图 3-11　基孔制优先、常用配合(方框内为优先配合)

基准轴	孔公差带代号														
	间隙配合					过渡配合				过盈配合					
h5				G6	H6	JS6	K6	M6		N6	P6				
h6			F7	G7	H7	JS7	K7	M7	N7		P7	R7	S7	T7	U7 X7
h7		E8	F8		H8										
h8	d10	E9	F9												
		E8	F8		H8										
h9		D9	E9	F9		H9									
	B11	C10	D10			H10									

图 3-12　基轴制优先、常用配合(方框内为优先配合)

任务三　极限与配合的选用

一、基准值的确定

基准值与公差等级的选择

基准值的选用与使用要求无关,主要考虑结构、工艺、装配、经济等方面。

1. 优先选用基孔制

在一般情况下优先选用基孔制,因为加工孔需要定值刀具和量具,如钻头、铰刀、拉刀和塞规等,采用基孔制可以减少这些刀具和量具的品种、规格数量。加工轴所用的刀具一般为非定值刀具,如车刀、砂轮等。同一把车刀可以加工不同尺寸的轴件,这显然是经济、合理的选择。

2. 特殊场合选用基轴制

(1) 有些零件由于结构上的需要,采用基轴制更合理。活塞连杆机构中的配合如图 3-13 所示,图中销轴两端与活塞孔的配合为 M6/h5,销轴与连杆孔的配合为 H6/h5,显然它们的配合松紧是不同的,此时应当采用基轴制。这样销轴的直径尺寸通常是相同的(h5),便于加工,活塞孔和连杆孔则分别按 M6 和 H6 加工。装配时也比较方便,不致将连杆孔表面划伤。相反,如果采用基孔制,则由于活塞孔和连杆孔尺寸相同,为了获得不同松紧的配合,销轴的尺寸应当两端大中间小,这样的销轴难加工,装配时容易将连杆孔表面划伤。

(2) 采用冷拉棒材直接作轴时,因不需再加工,所以可获得较明显的经济效益。此时把轴视为标准件,因此要采用基轴制。这种情况在农机等行业中比较常见。

(3) 与标准件配合。标准件的外表面与其他零件的内表面配合时,也要采用基轴制。如轴承外圈与机座孔的配合应采用基轴制。但轴承的内圈与轴配合时,应采用基孔制。基准制实际上是根据某些需要确定的,所以有时也可采用不同基准制的配合,即相配合的孔和轴都不是基准件。如图 3-14 所示,轴承盖与轴承孔的配合和轴承挡圈与轴颈的配合分别为 $\phi100J7/e9$ 和 $\phi55D9/j6$,既不是基孔制也不是基轴制。轴承孔的公差带 J7 是由轴承孔与轴承外圈的配合决定的,轴颈的公差带 j6 是由轴颈与轴承内圈的配合决定的。为了使轴承盖与轴承孔和轴承挡圈与轴颈获得更松的配合，前者不能采用基轴制，后者不能采用基孔制，从而决定了必须采用不同基准制的配合。

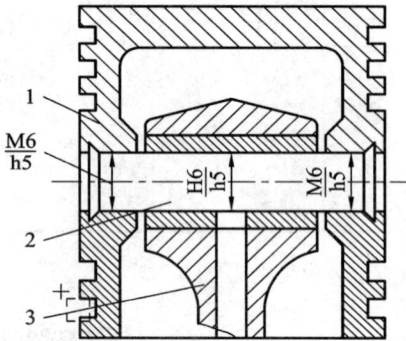

1—活塞；2—活塞销；3—连杆

图 3-13　活塞连杆机构中的配合

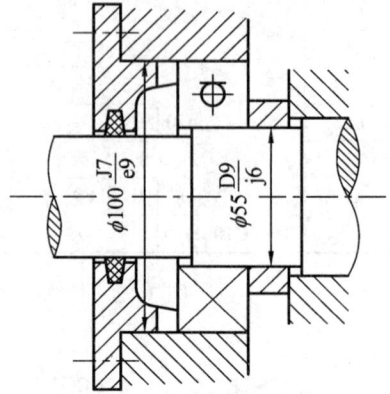

图 3-14　轴承盖与轴承孔、轴承挡圈与轴颈的配合

二、公差等级的确定

公差等级的选择原则是在满足使用要求的前提下，尽可能选择较低的公差等级。公差等级的选择通常采用的方法为类比法，即参考从生产实践中总结出来的经验进行比较选择。用类比法选择公差等级时，一定要查明各公差等级的应用范围，尽量考虑工艺的可能性和经济性。表 3-4 为各种加工方法所能达到的精度，公差等级的应用范围可参考表 3-5。

表 3-4　各种加工方法所能达到的精度

应用范围		公差等级 IT																		
		01	0	1	2	3	4	5	6	7	8	9	10	11	12	13	14	15	16	17	18
量块																					
量块	高精度																				
	低精度																				
孔与轴配合	特别精密 轴																				
	特别精密 孔																				
	精密配合 轴																				
	精密配合 孔																				
	中等精度 轴																				
	中等精度 孔																				
	低精度																				
非配合尺寸																					
原材料公差																					

表 3-5 公差等级的应用范围

加工方法	公差等级 IT																		
	01	0	1	2	3	4	5	6	7	8	9	10	11	12	13	14	15	16	17	18
研磨	—	—	—	—	—	—														
衍磨						—	—	—	—											
圆磨							—	—	—	—										
平磨							—	—	—	—										
金刚石车							—	—	—											
金刚石镗							—	—	—											
拉削								—	—	—										
铰孔									—	—	—	—								
镗									—	—	—	—	—							
铣										—	—	—	—							
刨插												—	—							
钻孔											—	—	—	—						
滚压、挤压												—	—							
冲压												—	—	—	—	—				
压铸													—	—	—	—				
粉末冶金成型								—	—	—										
粉末冶金烧结									—	—	—									
砂型铸造、气割																	—	—	—	—
锻造																	—	—		

选择公差等级时应注意以下几个问题：

(1) 一般的非配合尺寸要比配合尺寸的公差等级低。

(2) 遵守工艺等价原则——孔、轴的加工难易程度相当。当基本尺寸等于或小于 500 mm 时，孔的公差等级比轴的要低一级；当基本尺寸大于 500 mm 时，孔、轴的公差等级相同。这一原则主要用于中高精度(公差等级小于等于 IT8)的配合。

(3) 对于与标准件配合的零件，其公差等级由标准件的精度要求所决定。例如，对于与轴承配合的孔和轴，其公差等级由轴承的精度等级来决定；对于与齿轮孔相配的轴，其配合部位的公差等级由齿轮的精度等级所决定。

三、配合的选择及实例

1. 选择配合时应考虑的问题

选择配合时主要从以下几个方面考虑：

(1) 配合件之间有无相对运动。有相对转动或滑动时应采用间隙配合；如不许有相对运动，则应采用过盈配合。在传递转矩时，如果采用间隙配合或过渡配合，则必须通过键将孔、轴连接起来。

(2) 配合件的定心要求。当定心要求比较高时，应采用过渡配合，如滚动轴承与轴颈的配合。

(3) 工作时的温度变化。若工作时的温度与装配时的温度相差比较大，则在选择配合时必须充分考虑装配间隙或过盈的变化。

(4) 装配变形对配合性质的影响。对于过盈配合的薄壁筒形零件，在装配时容易产生变形，如轴套与壳体孔的配合需要有一定的过盈，以便轴套的固定，轴套内孔与轴颈的配合要保证有一定的间隙。但是轴套在压入壳体孔时，轴套内孔在压力下会产生收缩变形，使孔径缩小，导致轴套内孔与轴颈的配合性质发生变化，使机构不能正常工作。在这种情况下，要选择较松的配合，以补偿装配变形对间隙的减少量。也可以采取一定的工艺措施，如将轴套内孔的尺寸留有一定的余量，先将轴套压入壳体孔，然后再加工内孔。

(5) 生产批量的大小。在一般情况下，生产批量的大小决定了生产方式。大批量生产时，通常采用调整法加工。例如，在自动机上加工一批轴件和一批孔件时，将刀具位置调至被加工零件的公差带中心，这样加工出的零件尺寸大多数处于极限尺寸的平均值附近。因此，它们形成的配合松紧趋中。在单件小批生产时，多用试切法加工。由于工人存在怕出废品的心理，当零件的尺寸刚刚由最大实体尺寸一方进入公差带内时，就立即停车不再加工，这样多数零件的实际尺寸都分布在最大实体尺寸一方。由它们形成的配合当然也就趋紧。

在选择配合时，一定要根据以上情况适当调整，以满足配合性质的要求。

(6) 间隙或过盈的修正。实际上影响配合间隙或过盈的因素很多，如材料的力学性能、所受载荷的特性、零件的形状误差、运动速度的高低等，在选择配合时，都应给予考虑。表 3-6 列举了若干种影响间隙或过盈的因素及修正意见，可供选择配合时参考。

表 3-6 间隙或过盈修正表

具体情况	过盈应增或减	间隙应增或减
材料需用应力小	减	—
经常拆卸	减	—
有冲击载荷	增	减
工作时孔的温度高于轴的温度	增	减
工作时孔的温度低于轴的温度	减	增
配合长度较大	减	增
零件形状误差较大	减	增
装配时可能歪斜	减	增
旋转速度较高	增	增
有轴向运动	—	增
润滑黏度较大	—	增
表面粗糙度较大	增	减
装配精度较高	减	减
孔的材料线膨胀系数大于轴的材料	增	减
孔的材料线膨胀系数小于轴的材料	减	增
单件小批生产	减	增

(7) 应尽量选用优先配合。优先配合是国家标准推荐的首选配合，在选择配合时应优先考虑。如果这些配合不能满足设计要求，则应考虑常用配合。优先配合和常用配合都不能满足要求时，可由孔、轴的一般公差带自行组合。

优先配合的选用说明可参考表 3-7。

表 3-7　优先配合选用说明

优先配合		说　明
基孔制	基轴制	
		间隙非常大，用于很松的、转动很慢的动配合；要求大公差与大间隙的外露组件；要求装配方便的、很松的配合，相当于旧国标 D6/dd6
H11/c11	C11/h11	间隙很大的自由转动配合，用于精度要求不高或温度变动很大，转速高或轴颈压力大的配合部位，相当于旧国标 D4/d34
H9/d9	D9/h9	间隙不大的转动配合，用于中等转速与中等轴颈压力的精确转动，也用于装配较易的中等定位配合，相当于旧国标 D/dc
H8/f7	F8/h7	间隙很小的滑动配合，用于不希望自由转动，但可自由移动和滑动并精密定位的配合，也可用于要求明确的定位配合，相当于旧国标 D/db
H7/g6	G7/h6	均为间隙定位配合，零件可自由装拆，而工作时一般相对静止不动。在最大实体条件下的间隙为 0；在最小实体条件下的间隙由公差等级决定，H7/h6 相当于旧国标 D/d，H8/h7 相当于旧国标 D3/d3，H9/h9 相当于旧国标 D4/d4，H11/h11 相当于旧国标 D6/d6
H7/h6	H7/h7	
H8/h7	H9/h9	
H9/h9	H9	
H11/h11	H11/h11	
H7/k6	K7/h6	过渡配合，用于精密定位，相当于旧国标 D/gc
H7/n6	N7/h6	过渡配合，允许有较大过盈的精密定位，相当于旧国标 D/ga
H7/p6	P7/h6	过盈定位配合即小过盈配合，用于定位精度特别重要而对内孔承受压力无特殊要求时，不依靠配合的紧固性传递摩擦负载，能以最好的定位精度达到部件的刚性要求和对中性要求，H7/p6 相当于旧国标 D/je
H7/s6	S7/h6	中等压力压入配合，适用于一般钢件，或用于薄壁件的冷缩配合，用于铸铁件可得到最紧的配合，相当于旧国标 D/je
H7/u6	U7/h6	压入配合，适用于可以承受较大压力的零件或不宜承受大压入力的冷缩配合

(8) 用类比法选择配合。所谓类比法，就是根据所设计机器的使用要求，参照同类型机器中所用的配合，再加以修正来确定配合的一种方法。这种方法简便实用，目前在生产实际中被普遍采用。表 3-8 列出了三大类配合的应用实例，供用类比法选择配合时参考。需要指出的是，用类比法选择配合时，务必查明各种情况，在此基础上进行适当修正，不可盲目地生搬硬套。因此，在用类比法选择配合时，应当同时参考表 3-6、表 3-7 和表 3-8，综合考虑各种情况，以便使选择的配合更合理。

表 3-8 配合的应用实例

配合	基本偏差	配合特征	应用实例
间隙配合	a b	可得到较大的间隙,很少应用	 管道法兰连接处的配合
	c	可得到较大的间隙,一般适用于缓慢、松弛的动配合。用于工作条件较差(如农业机械),受力变形,或为了便于装配而必须保证有较大的间隙时的配合,推荐配合为H11/c11。其较高等级的配合适用于轴在高温工作的紧密动配合,例如内燃机排气阀和导管的配合	 内燃机气门导杆与气座的配合
	d	一般用于 IT7~IT11 级,适用于松的转运配合,如密封盖、滑轮、空转带轮等与轴的配合,也适用于大直径滑动轴承配合,如透平机、球磨机、滚轧成形和重型弯曲机,以及其他重型机械中的一些滑动支承	 C616 车床座中偏心轴与尾座体孔的配合
	e	用于 IT7~IT9 级,通常适用于要求有明显间隙,易于转运的支承配合,如大跨距支承、多支点支承等配合。高等级的 e 轴适用于高速、重载支承,如涡轮发电机、大功率电动机及内燃机的主要轴承、凸轮轴支承、摇臂支承等处的配合	 内燃机主体轴孔与轴的配合

配合	基本偏差	配合特征	应用实例
间隙配合	f	多用于 IT6～IT8 级的一般转动配合，当温度影响不大时，被广泛用于普通润滑油(或润滑脂)润滑的支承，如齿轮箱、小电动机、泵等的转轴与滑动轴承的配合	$\frac{H7}{js6}$ $\frac{H8}{f7}$ 间隙 齿轮轴套与轴的配合
	g	多用于 IT5～IT7 级，配合间隙很小，制造成本高，除很轻负荷的精密装置外，不推荐用于转动配合。最适合不回转的精密滑动配合，也用于插销等定位配合，如精密连杆轴承、活塞及滑阀、连杆销	G7 钻套 衬套 钻模板 $\frac{H7}{g6}$ $\frac{H7}{n6}$ 钻套与衬套的配合
	h	多用于 IT4～IT11 级，广泛用于无相对转动的零件，作为一般的定位配合。若没有温度、变形的影响，也用于精密滑动配合	$\frac{H6}{h5}$ 车床尾座体孔与顶尖套筒的配合
过渡配合	js	多用于平均松紧状态为稍有间隙的配合，适用于 IT4～IT7 级，并允许略有过盈的定位配合，如联轴器齿圈与钢制轮毂。可用手或木槌装配	齿圈 齿圈 $\frac{H7}{Js6}$ 齿圈与钢轮辐的配合

续表二

配合	基本偏差	配合特征	应用实例
过渡配合	k	多用于平均松紧状态为过盈的配合，适用于 IT4～IT7 级，推荐用于稍有过盈的定位配合，如为了消除振动用的定位配合。可用木槌装配	$\dfrac{H6}{k5}$ 车床主轴后轴承座与箱体孔的配合
过渡配合	m	多用于平均松紧状态为过盈量不大的过渡配合，适用于 IT4～IT7 级。一般可用木槌装配，但在最大过盈时，要求相当的压入力	$\dfrac{H7}{n6}\left(\dfrac{H7}{m6}\right)$ 蜗轮青铜轮缘与轮辐的配合
过盈配合	n	多用于平均过盈比用 m 轴时稍大的配合，适用于 IT4～IT7 级。可用锤或压力机装配。通常推荐用于紧密的组建配合，H6/N5 配合时为过盈配合	$\dfrac{H7}{n6}$ 冲床齿轮与轴的配合
过盈配合	p	与 H6 或 H7 配合时为过盈配合，与 H8 孔配合时为过渡配合。对非铁制零件为较轻的压入配合，当需要时易于拆卸。对钢、铸铁或铜-钢组建装配是标准压入配合	$\dfrac{H7}{p6}$ 卷扬机的绳轮与齿圈的配合

配合	基本偏差	配合特征	应用实例
过盈配合	r	对铁制零件为中等打入配合,对非铁制零件为轻打入配合,当需要时可以拆卸。与 H8 孔配合,直径在 100 mm 以上时为过盈配合,直径小于或等于 100 mm 时为过渡配合	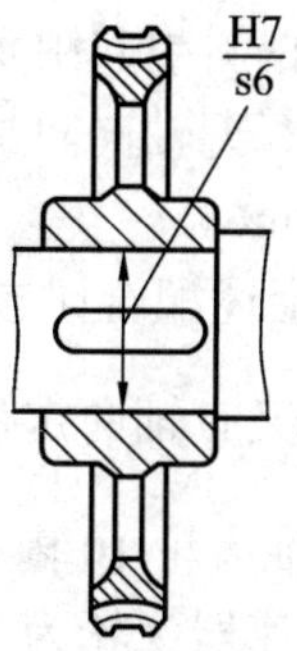 $\dfrac{H7}{s6}$ 蜗轮与轴的配合
	s	对于钢制或铁制零件的永久性和半永久性装配,可产生相当大的结合力。当用于弹性材料(如轻合金)时,配合性质和铁制零件的基本偏差为 p 的轴相当	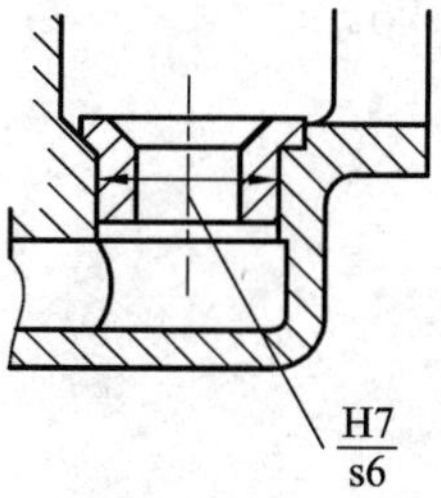 $\dfrac{H7}{s6}$ 水泵阀座与壳体的配合
	t、u、v x、y、z	盈量依次增大,除 u 以外一般不推荐	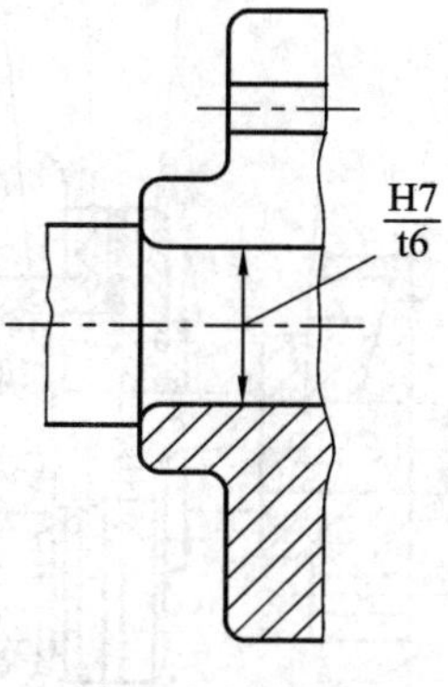 $\dfrac{H7}{t6}$ 联轴器与轴的配合

2. 实例

例 3-1　如图 3-15 所示为圆锥齿轮减速器,已知传递的功率 $P=10\,\text{kW}$,中速轴转速为 $n=750\,\text{r/min}$,稍有冲击,在中、小型工厂小批量生产。试选择:

(1) 联轴器 1 和输入端轴颈 2;

(2) 皮带轮 8 和输出端轴颈；

(3) 小锥齿轮 10 内孔和轴颈这三处配合的公差等级和配合种类。

解：以上三处配合，无特殊要求，优先采用基孔制。

(1) 联轴器 1 是用铰制螺孔和精制螺栓连接的固定式刚性联轴器。为防止偏斜引起附加载荷，要求对中性好。联轴器是中速轴上的重要配合件，无轴向附加定位装置，结构上采用紧固件，故选用过渡配合$\phi 40$H7/m6。

孔和轴配合的
设计方法

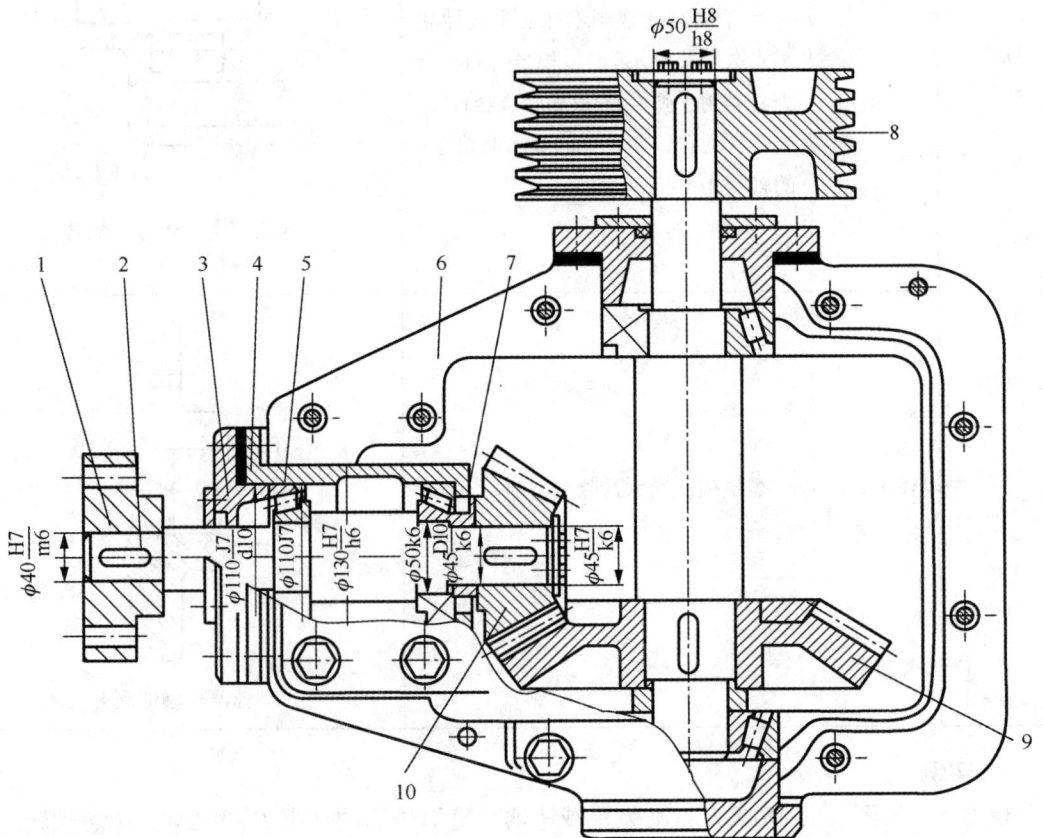

(2) 与上述配合比较，皮带轮 8 和输出端轴颈配合，因是挠性件传动，故定心精度要求不高，且又有轴向定位件，为便于装卸可选用 H8/h7(h8、js7、js8)，本例选用$\phi 50\dfrac{H8}{h8}$。

(3) 小锥齿轮 10 内孔和轴颈是影响齿轮传动的重要配合，内孔公差等级由齿轮精度决定，一般减速器齿轮为 8 级，故基准孔为 IT7。为保证齿轮的工作精度和啮合性能，传递负载的齿轮和轴的配合要求准确对中，一般选用过渡配合加紧固件，可供选用的配合有 H7/js6(k6、m6、n6 甚至 p6、r6)，至于采用哪种配合，主要考虑装卸要求，载荷大小，有无冲击振动，转速高低、批量等。此处为中速、中载，稍有冲击，小批量生产，故选用配合$\phi 45$H7/k6。

1—联轴器；2—输入端轴颈；3—轴承盖；4—套杯；5—轴承；6—箱体；7—隔套；8—皮带轮；9、10—小锥齿轮

图 3-15　圆锥齿轮减速器

例 3-2　已知使用要求，用计算法确定配合。

有一孔、轴配合的基本尺寸为 $\phi30\,\text{mm}$，要求配合间隙在 $+0.020\sim+0.055\,\text{mm}$ 之间，试确定孔和轴的精度等级和配合种类。

解：(1) 选择基准制。本例无特殊要求，选用基孔制。孔的基本偏差代号为 H，EI=0。

(2) 确定公差等级。根据使用要求，其配合公差为

$$T_\text{f}=X_{\max}-X_{\min}=+0.055-(+0.020)=0.035\,\text{mm}=T_D+T_d$$

假设孔、轴同级配合，则

$$T_D=T_d=\frac{\text{IT}}{2}=\frac{0.035}{2}=17.5\,\mu\text{m}$$

从表 3-1 标准公差数值表查得，孔和轴公差等级介于 IT6 和 IT7 之间。根据工艺等价原则，在 IT6 和 IT7 的公差等级范围内，孔应比轴低一个公差等级，故选孔为 IT7，$T_D=21\,\mu\text{m}$；轴为 IT6，$T_d=13\,\mu\text{m}$。配合公差 $T_\text{f}=T_D+T_d=\text{IT7}+\text{IT6}=0.021+0.013=0.034\,\text{mm}<0.035\,\text{mm}$，满足使用要求。

(3) 选择配合种类。根据使用要求，本例为间隙配合。采用基孔制配合，孔的基本偏差代号为 H7，孔的极限偏差为 $ES=EI+T_D=0+0.021=+0.021\,\text{mm}$。孔的公差代号为 $\phi30\text{H7}$。

根据 $X_{\min}=EI-es$，得 $es=EI-X_{\min}=-0.020\,\text{mm}$，而 es 为轴的基本偏差，从表 3-3 中查得轴的基本偏差代号为 f，即轴的公差带为 f6。$ei=es-IT=-0.0020-(+0.013)=-0.033\,\text{mm}$，轴的公差带代号为 $\phi30\text{f6}$。选择的配合为 $\phi30\text{H7/f6}$。

(4) 验算设计结果：

$$X_{\max}=ES-ei=+0.054\,\text{mm}$$
$$X_{\min}=EI-es=+0.020\,\text{mm}$$

$\phi30\text{H7/f6}$ 的 $X_{\max}=+0.054\,\text{mm}$，$X_{\min}=+0.020\,\text{mm}$，它们分别小于要求的最大间隙($+55\,\mu\text{m}$)和等于要求的最小间隙($+20\,\mu\text{m}$)，因此设计结果满足使用要求，本例选定的配合为 $\phi30\text{H7/f6}$。

四、一般公差

所谓线性尺寸的一般公差，是指在车间普通工艺条件下，机床设备可以保证的公差。在正常维护和操作情况下，它代表经济的加工精度。对于低精度的非配合尺寸，或功能上允许公差等于或大于一般公差时，均可采用一般公差。

《一般公差　未注公差的线性和角度尺寸的公差》(GB/T 1804—2000)对一般公差规定了 4 个公差等级，其公差等级从高到低依次为精密级(f)、中等级(m)、粗糙级(c)、最粗级(v)。

在保证正常车间精度的条件下，零件加工后一般可不检验采用一般公差的尺寸。若对其合格性发生争议，则可以线性尺寸的极限偏差数值作为评判依据。线性尺寸的一般公差的极限偏差数值见表 3-9，倒圆半径和倒角高度尺寸的极限偏差数值见表 3-10。

表 3-9　线性尺寸的一般公差的极限偏差数值

公差等级	基本尺寸分段/mm							
	0.5～3	>3～6	>6～30	>30～120	>120～400	>400～1000	>1000～2000	>2000～4000
精密级(f)	±0.05	±0.05	±0.1	±0.015	±0.2	±0.3	±0.5	—
中等级(m)	±0.1	±0.1	±0.2	±0.3	±0.5	±0.8	±1.2	±2
粗糙级(c)	±0.2	±0.3	±0.5	±0.8	±1.2	±2	±3	±4
最粗级(v)	—	±0.5	±1	±1.5	±2.5	±4	±6	±8

表 3-10　倒圆半径和倒角高度尺寸的极限偏差数值

公差等级	基本尺寸分段/mm			
	0.5～3	3～6	6～30	>30
精密级(f)	±0.2	±0.5	±1	±2
中等级(m)				
粗糙级(c)	±0.4	±1	±2	±4
最粗级(v)				

五、极限与配合在技术图样上的标注

1. 公差带代号

孔、轴公差带代号由基本偏差代号与公差等级代号组成。公差带代号标注如图 3-16 所示。

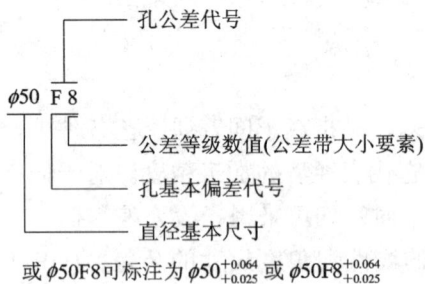

或 $\phi50F8$ 可标注为 $\phi50^{+0.064}_{+0.025}$ 或 $\phi50F8^{+0.064}_{+0.025}$。

图 3-16　公差带代号标注

2. 配合的代号

国家对配合的代号规定为：用孔轴公差代号组合表示，写成分数形式，分子为孔的，分母为轴的，例如 $\phi50F7/h6$ 或 $\phi50\dfrac{F7}{h6}$。

常用尺寸孔、轴
配合的设计实例

六、实例

例 3-3　减速器中输出轴端盖和箱体孔的配合如图 3-1 所示,考虑在满足功能要求前提下的装配工艺,箱体孔与轴承端盖选择间隙配合,代号为 ϕ100J7/f9。试查表算出该配合尺寸的配合公差、上下偏差、最大极限尺寸和最小极限尺寸。

解:由基本尺寸 ϕ100(属于尺寸分段 80～120)和公差等级 7、9,从表 3-1 可查得孔、轴的公差值分别为 35 μm 和 87 μm。

由基本尺寸 ϕ100 和孔、轴的基本偏差代号 J、f,查表 3-2、3-3 可得孔的基本偏差为 ES = +22 μm,轴的基本偏差为 es = −36 μm。

根据公式,孔的下偏差为

$$EI = ES - T = +23 - 35 = -13 \text{ μm}$$

轴的下偏差为

$$ei = es - T = -36 - 87 = -123 \text{ μm}$$

孔的极限尺寸为

$$D_{\max} = 100 + 0.022 = 100.022 \text{ mm}$$
$$D_{\min} = 100 - 0.013 = 99.987 \text{ mm}$$

轴的极限尺寸为

$$d_{\max} = 100 - 0.036 = 99.964 \text{ mm}$$
$$d_{\min} = 100 - 0.123 = 99.877 \text{ mm}$$
$$X_{\max} = D_{\max} - d_{\min} = ES - ei = +0.022 - (-0.123) = +0.145 \text{ mm}$$
$$X_{\min} = D_{\min} - d_{\max} = EI - es = -0.013 - (-0.036) = +0.023 \text{ mm}$$
$$T_{\text{f}} = T_D + T_d = 0.035 + 0.087 = 0.122 \text{ mm}$$

思 考 题

1. 公差配合的选用应当包括哪几个方面的内容?

2. 使用标准公差与基本偏差表,查出下列公差带的上、下偏差。

(1) ϕ32d9　　　　(2) ϕ80p6　　　　(3) ϕ20v7　　　　(4) ϕ170h11

(5) ϕ28k7　　　　(6) ϕ280m6　　　　(7) ϕ40C11　　　　(8) ϕ140M8

(9) ϕ25Z6　　　　(10) ϕ30js6　　　　(11) ϕ35P7　　　　(12) ϕ60J6

3. 基本尺寸为 30 mm 的 N7 孔和 m6 轴相配合,已知 N 和 m 的基本偏差分别为 −7 和 +8,IT7＝21,IT6＝13,试问其极限间隙(或过盈)、平均间隙(或过盈)及配合公差各为多少,说明是何种配合类型。

4. 画出下列配合代号的公差带图,查表确定各极限偏差,说明配合的类型,计算其极限间隙或极限过盈,写出其同名配合的基轴制的配合的公差带代号。

(1) ϕ50H7/g6;

(2) ϕ50H7/k6。

5．确定基准制时应考虑哪些问题？

6．图示 3-17 为卧式车床主轴箱中主轴 I 的局部结构示意图。轴上装有同一基本尺寸的滚动轴承内圈、挡圈和齿轮。根据标准件滚动轴承要求，轴的公差带确定为$\phi30k6$。分析挡圈孔和轴配合的合理性。

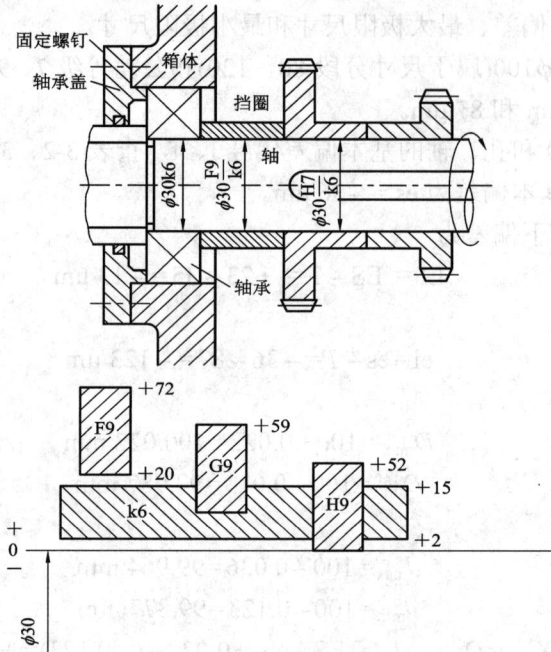

图 3-17　题 6 图

项目四　形状和位置公差

【任务引入】

在机械行业内，机械零部件的设计开发过程中，如何将设计者的意图准确地传递给下游的生产制造、质量管控部门，是每个企业都会面临的问题。其中最重要的信息传递媒介就是图纸，而图纸上的形位公差则直接描述了对零部件的技术和测量要求，因此掌握正确的形位公差标注是设计人员的必要技能，而正确理解和识读公差要求则是工艺、检验人员的基本功。

下面以汽车为例(见图 4-1)对形位公差进行分析。由图可知，汽车是由上万个零件装配而成的。每个零件的每一个尺寸都是有来源的(见图 4-2)，不是凭空想象、任意选取的。形位公差的选择一般都会直接影响产品的功能是否能实现，特别是对于汽车这一复杂的装配体，需要满足可装配性、美学性、密封性等功能，形位公差的变化更是牵一发而动全身。

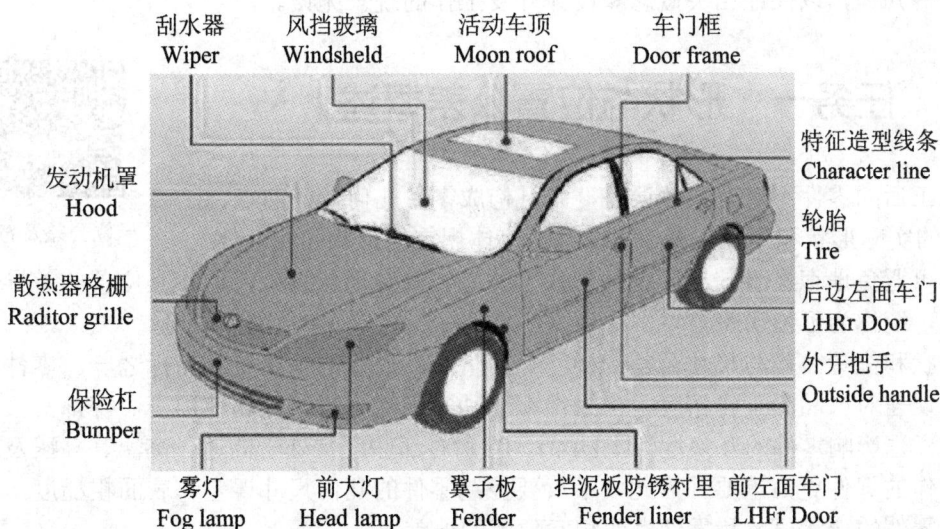

图 4-1　汽车外观零部件

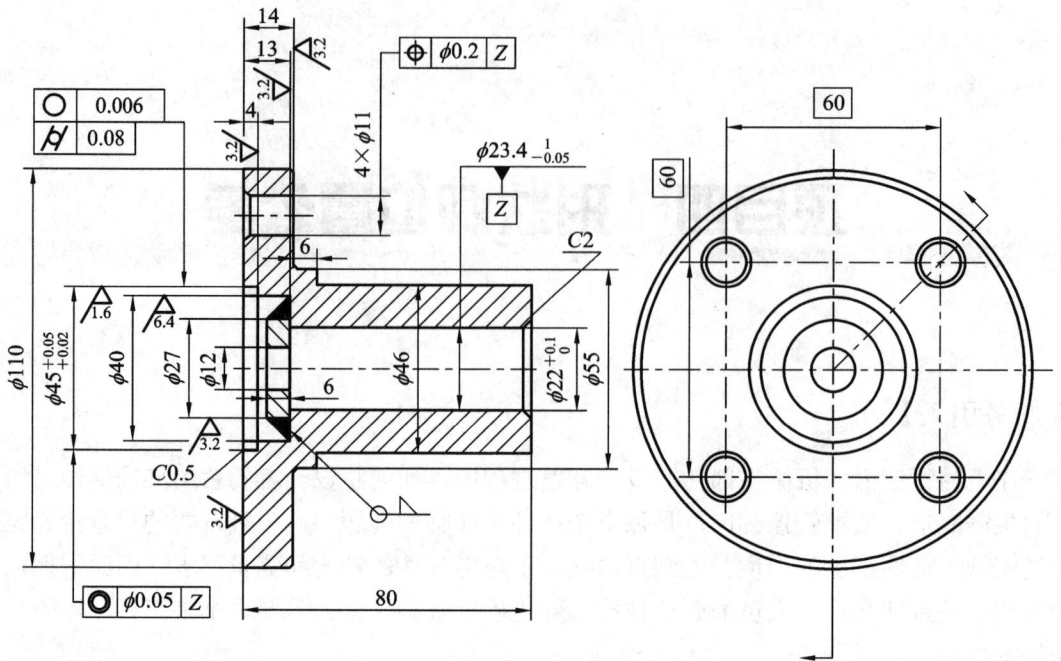

图 4-2 汽车零件结构图

【任务思考】

形位公差是在图纸上表述零件要求的语言，掌握它只是基础，想要准确运用，需要增加对零部件性能及装配过程的理解和对工艺要求的把握。身为技术人员，我们需要充分理解国标中对于基准和公差的定义描述，才能将它转化成常见产品结构、工艺实现方式、测量手段等知识，以保证相关概念和设计开发工作的统一无误。

任务一 形状与位置公差概述

加工后的零件不仅有尺寸误差，而且构成零件几何特征的点、线、面的实际形状和相互位置，与理想几何体规定的形状和相互位置也不可避免地存在着差异，这种形状上的差异就是形状误差，而相互位置的差异就是位置误差，统称为形位误差。

形位公差及符号

形状和位置公差与尺寸公差一样，是衡量产品质量的重要技术指标之一。零件的形状和位置误差对产品的工作精度、密封性、运动平稳性、耐磨性和使用寿命等都有很大的影响，同样也影响零件的互换性(见图 4-3)。特别对那些经常处于高速、高温、高压及重载条件下工作的零件更为重要。为此，不仅要控制零件的几何尺寸误差和表面粗糙度，而且还要控制零件的形状误差和零件表面相互位置的误差。

在实际工作中，要保证机器零件的互换性要求，就必须对零件提出形状和位置的精度要求。所谓的形状和位置精度，就是指构成零件形状的要素与理想形状和位置要素相符的程度。

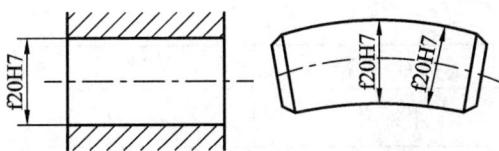

图 4-3 形位误差对互换性及使用性的影响

为了控制形状和位置误差，国家制定和发布了形状和位置公差的相关标准，以便在零件的设计、加工和检测等过程中对形状和位置公差有统一的认识和要求。

现行形状和位置公差国家标准主要有：

· GB/T 1182—2018《产品几何技术规范(GPS) 几何公差 形状、方向、位置和跳动公差标注》。

· GB/T 16671—2018《产品几何技术规范(GPS) 几何公差 最大实体要求(MMR)、最小实体要求(LMR)和可逆要求(RPR)》。

· GB/T 18779.2—2004《产品几何技术规范(GPS) 形状和位置检测规定》。

· GB/T 1184—1996《形状和位置公差 未注公差值》。

· GB/T 4249—2018《产品几何技术规范(GPS) 基础 概念、原则和规则 公差原则》。

· GB/T 1958—2017《产品几何技术规范(GPS) 几何公差 检测与验证》。

国标中规定，形状和位置公差(简称形位公差)采用框格和符号表示法标注。

一、形位公差符号

国标中规定，在图样中形位公差的标注采用符号标注。当无法用符号标注时，也允许在技术要求中用相应的文字说明。

形位公差符号包括形位公差特征项目符号、形位公差的框格和指引线、形位公差的数值和其他有关符号、基准符号。

形位公差特征项目符号如表 4-1 所示。由表可知，公差分为形状公差、形状或位置公差和位置公差三大类。形状公差分为四项，形状或位置公差分为两项，位置公差分为定向公差三项、定位公差三项和跳动公差三项，总计八项。所以形位公差特征项目共十四项，分别用 14 个符号表示。

表 4-1 形位公差特征项目符号

公差类型	特征项目	符号	有或无基准要求
形状公差	直线度	—	无
	平面度	▱	无
	圆度	○	无
	圆柱度	⌀	无
形状或位置公差	线轮廓度	⌒	有或无
	面轮廓度	⌓	有或无

公差类型		特征项目	符号	有或无基准要求
位置公差	定向公差	平行度	∥	有
		垂直度	⊥	有
		倾斜度	∠	有
	定位公差	位置度	⊕	有或无
		同轴度	◎	有
		对称度	=	有
	跳动公差	圆跳动	↗	有
		全跳动	↗↗	有

二、形位公差的框格和指引线

形位公差的标注采用框格形式,框格用细实线绘制(见图 4-4(a))。每一个公差框格内只能表达一项形位公差的要求,公差框格根据公差的内容要求可分两格和多格。框格内从左到右依次填写以下内容:

第一格——公差特征的符号。

第二格——公差数值和有关符号。

第三格和以后各格——基准符号的字母和有关符号。

因为形状公差无基准,所以形状公差只有两格(见图 4-4(b)),而位置公差框格可用三格和多格。

指引线由细实线箭头构成,它将公差框格与被测要素连接起来,从框格的一端垂直引出(见图 4-4(b)),引向被测要素时允许弯折,但弯折不能超过两次。指引线的箭头应指向公差带的宽度方向或径向。

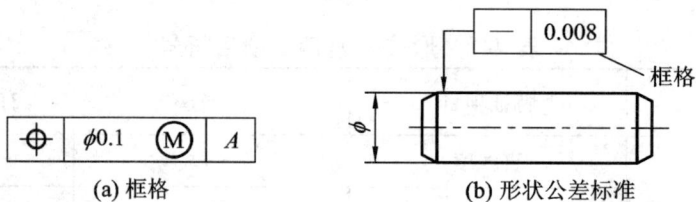

(a) 框格   (b) 形状公差标准

图 4-4　形位公差标注

三、基准

对于有位置公差要求的零件被测要素,在图样上必须标明基准要素。基准要素用基准符号或基准目标表示。

对于被测要素的基准,用基准字母表示。带圆圈的大写字母用细实线与粗的基准三角相连(见图 4-5),表示基准的字母应注在公差框格内。圆圈的直径与框格的高度相同,圆圈内的字母一律字头向上大写。为了不引起误解,字母 E、I、J、M、O、P、L、R、F 不被采用。字母的高度应与图样中的尺寸高度相同。

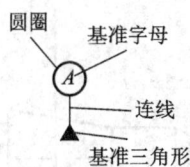

图 4-5 基准符号

任务二 形位公差的标注方法

一、被测要素的标注方法

被测要素是检测对象,国标中规定,图样上用带箭头的指引线将被测要素与公差框格一端相连,指引线的箭头应垂直地指向被测要素(见图 4-6)。

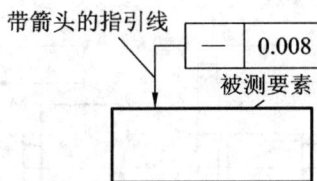

图 4-6 带箭头的指引线

指引线的箭头按下列方法与被测要素相连。

(1) 被测要素为直线或表面时的标注。当被测要素为直线或表面时,指引线的箭头应指到该要素的轮廓线或轮廓线的延长线上,并应与尺寸线明显地错开(见图 4-7)。

(2) 被测要素为轴线、球心或中心平面时的标注。当被测要素为轴线、球心或中心平面时,指引线的箭头应与该要素的尺寸线对齐(见图 4-8)。

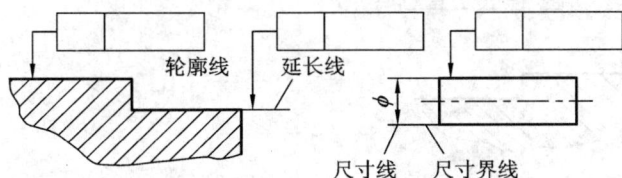

图 4-7 被测要素——直线或表面

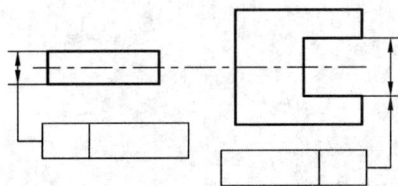

图 4-8 被测要素——轴线、球心或中心平面

(3) 被测要素为圆锥体轴线时的标注。当被测要素为圆锥体轴线时,指引线箭头应与圆锥体的直径尺寸线(大端或小端)对齐(见图 4-9(a))。如果直径尺寸线不能明显地区别于圆锥体或圆柱体时,则应在圆锥体里画出空白尺寸线,并将指引线的箭头与空白尺寸线对齐(见图 4-9(b))。如果锥体是使用角度尺寸标注的,则指引线的箭头应对着角度尺寸线(见图4-9(c))。

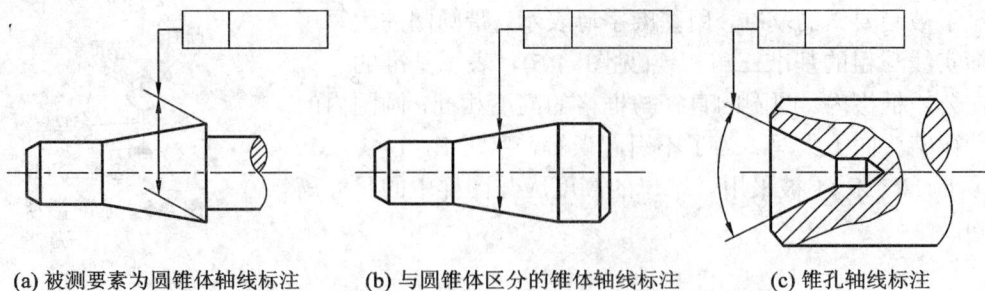

(a) 被测要素为圆锥体轴线标注　　(b) 与圆锥体区分的锥体轴线标注　　(c) 锥孔轴线标注

图 4-9　被测要素圆锥体

(4) 被测要素为螺纹轴线时的标注。此时又分为以下两种情况：

① 当被测要素为螺纹中径时，在图样中画出中径，指引线箭头应与中径尺寸线对齐(见图 4-10(a))。如果图样中未画出中径，指引线箭头可与螺纹尺寸线对齐(见图 4-10(b))，但其被测要素仍为螺纹中径轴线。

② 当被测要素不是螺纹中径时，则应在框格下面附加说明。若被测要素是螺纹大径轴线，则应用 MD 表示(见图 4-10(c))；若被测要素是螺纹小径轴线，则应用 LD 表示(见图4-10(d))。

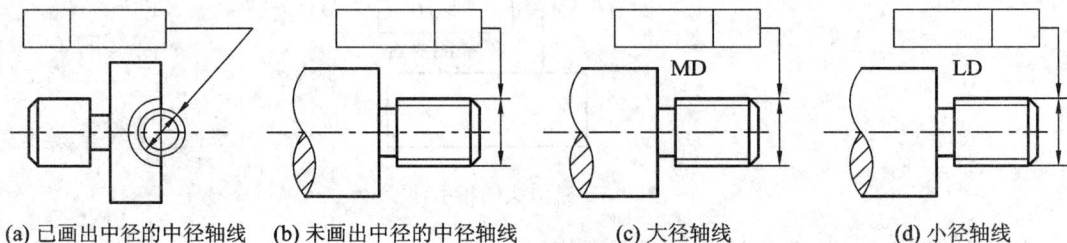

(a) 已画出中径的中径轴线　　(b) 未画出中径的中径轴线　　(c) 大径轴线　　(d) 小径轴线

图 4-10　被测要素——螺纹轴线

(5) 同一被测要素有多项形位公差要求时的标注。当同一被测要素有多项形位公差要求，其标注方法又一致时，可以将这些框格绘制在一起，只画一条指引线(见图 4-11)。

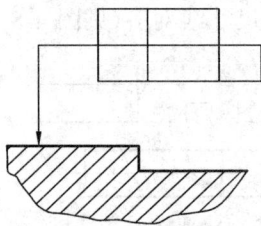

图 4-11　同一被测要素有多项形位公差要求时的标注

(6) 多个被测要素有相同的形位公差要求时的标注。当多个被测要素有相同的形位公差要求时，可以从框格引出的指引线上画出多个指引箭头，并分别指向各被测要素(见图4-12)。

当同一被测要素有多项时，为了说明形位公差框格中所标注的形位公差的其他附加要求，或为了简化标注方法，可以在框格的下方或上方附加文字说明。凡用文字说明属于被测要素数量的，应写在公差框格的上方(见图 4-12(a)~(c))；凡属于解释性说明的应写在公差框格的下方(见图 4-12(d)~(k))。

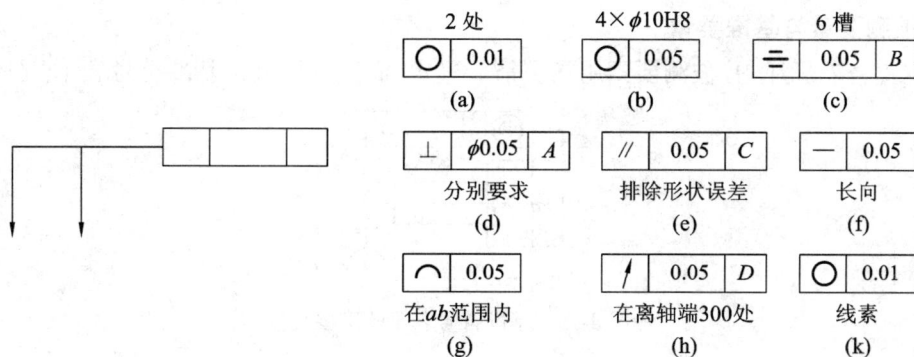

图 4-12　多个被测要素有相同的形位公差要求时的标注

二、基准要素的标注方法

对于有位置公差要求的被测要素，它的方向和位置是由基准要素来确定的。如果没有基准，则被测要素的方向和位置就无法确定。因此，在识读和使用位置公差时，不仅要知道被测要素，还要知道基准要素。国标中规定，在图样上基准要素用基准符号表示。

1. 用基准符号标注基准要素

当基准要素是轮廓线或表面时，带有字母的短横线应置于轮廓线或它的延长线上(应与尺寸线明显地错开，见图 4-13(a))。基准符号还可以置于用圆点指向实际表面的参考线上(见图 4-13(b))。当基准要素是轴线、中心平面或由带尺寸的要素确定的点时，基准符号中的连线与尺寸线对齐(见图 4-13(c))。若尺寸线处安排不下两个箭头，则可用短线代替(见图 4-13(d))。

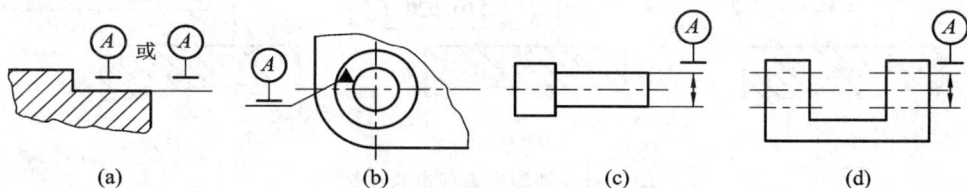

图 4-13　基准的标注

2. 任选基准的标注

有时对相关要素不指定基准(见图 4-14)，这种情况称为任选基准标注，也就是在测量时可以任选其中一个要素为基准。

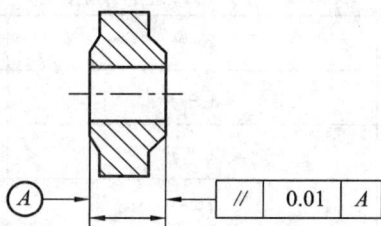

图 4-14　任选基准标注

3. 被测要素与基准要素

在位置公差标注中,被测要素用指引箭头确定,而基准要素由基准符号表示(见图 4-15)。

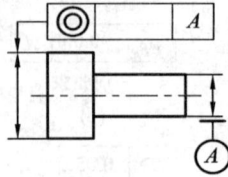

图 4-15 基准符号表示基准要素

三、形位公差数值的标注

形位公差数值是形位误差最大允许值,其都是指线性值,这是由公差带定义所决定的。国标中规定,形位公差值在图样上的标注应填写在公差框格第二格内。给出的公差值一般是指被测要素的全长或全面积,如果仅指被测要素的某一部分,则要在图样上用粗点画线表示出来要求的范围(见图 4-16)。

如果形位公差值是指被测要素任意长度(或范围),则可在公差值框格里填写相应的数值。例如,图 4-17(a)表示在任意

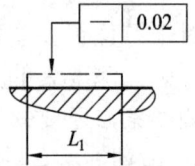

图 4-16 形位公差数值的标注

200 mm 长度内,直线度公差为 0.02 mm;图 4-17(b)表示被测要素全长的直线度为 0.05 mm,而在任意 200 mm 长度内,直线度公差为 0.02 mm;图 4-17(c)表示在被测要素上任意 100 mm×100 mm 正方形面积上,平面度公差为 0.05 mm。

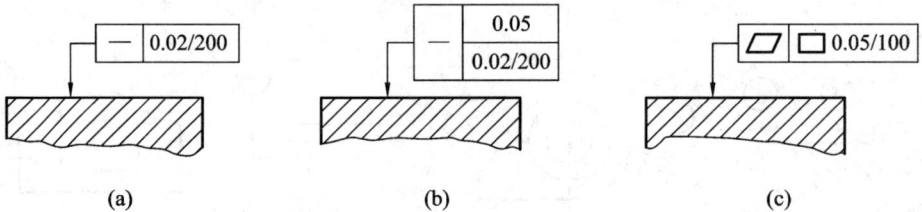

(a)　　　　　　　　　　(b)　　　　　　　　　　(c)

图 4-17 被测要素任意长度标注

四、形位公差有关附加符号的标注

对形位公差有附加要求时,应在相关的公差值后面加注有关符号(见表 4-3)。

表 4-3 形位公差附加要求

含义	符号	举例
只允许中间向材料内凹下	(−)	— | t(−)
只允许中间向材料外凸起	(+)	▱ | t(+)
只允许从左至右减小	(▷)	⟋ | t(▷)
只允许从右至左减小	(◁)	⟋ | t(◁)

任务三 形位公差的基本概念

学习和掌握形位公差的研究对象、误差、公差带等基本概念，可以为识读和使用形位公差打好基础。

一、零件的要素

零件的要素是指构成零件的具有几何特征的点、线、面。图 4-18 所示的零件就是由顶点、球心、轴线、圆柱面、球面、素线、圆锥面和平面等要素组成的几何体。

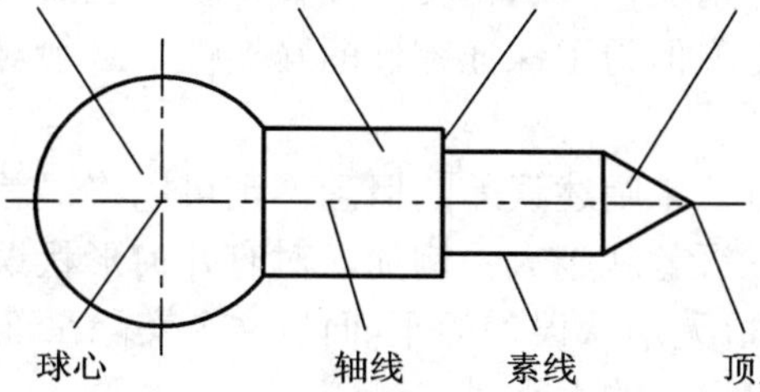

图 4-18 构成零件几何特征的要素

二、要素的分类

1. 理想要素

理想要素就是具有几何学意义的要素，它是理想形状的点、线、面。该要素严格符合几何学意义，而没有任何误差。图样上给出的几何要素均为理想要素。

2. 实际要素

实际要素就是零件上实际存在的要素，通常用测量所得到的要素来代替。但是，由于测量过程中存在测量误差，因此测得的要素状况并非实际要素的真实状况。

3. 被测要素

被测要素就是在图样上给出形位公差要求的要素，即为图样上形位公差代号箭头所指的要素。例如，图 4-19 所示为被测要素和基准要素的比较。

4. 基准要素

用来确定被测要素的方向或(和)位置的要素称为基准要素。理想的基准要素称为基准。实际

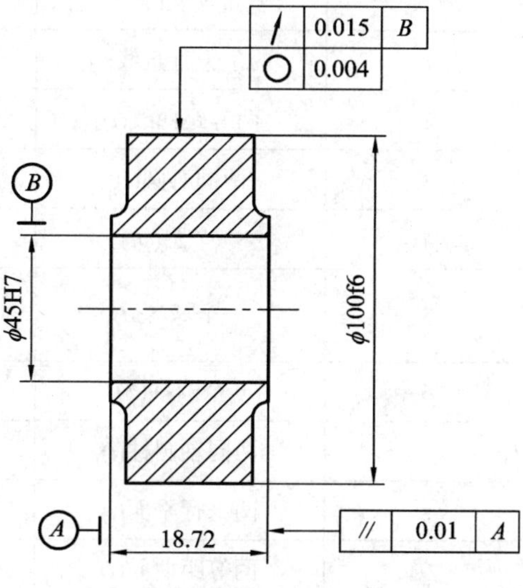

图 4-19 被测要素和基准要素的比较

平面与理想平面的比较如图 4-20 所示。

5. 单一要素

仅对要素本身给出了形状公差的要素称为单一要素。单一要素是不给定基准关系的要素，如一个点、一条线(包括直线、曲线、轴线等)、一个面(包括平面、圆柱面、圆锥面、球面、中心面或公共中心面等)。

6. 关联要素

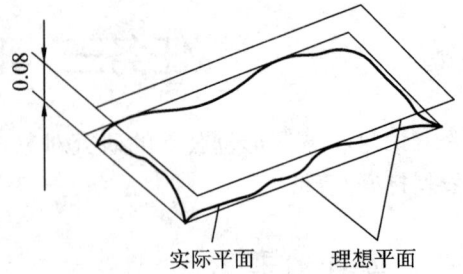

图 4-20　实际平面与理想平面的比较

对其他要素具有功能关系的要素称为关联要素。所谓功能关系，是指要素与要素之间具有某种确定方向或位置关系(如垂直、平行、倾斜、对称或同轴等)。

零件精度一般包括尺寸精度、形状精度、位置精度和表面粗糙度四个方面。从加工角度看，零件总是有一定误差，但为了保证零件的互换性，必须对零件的几何误差给予合理的限制。

若单纯用零件的几何特征来阐述误差的概念，则可以将误差作为被测要素相对理想要素的变动量。变动量越大，误差就越大。例如，对有几何形状误差的实际平面进行平面度误差检测时，可将理想平面(无形状误差的平面)与这个实际平面作比较，就可以找出这个被测实际平面的平面度几何误差的大小。

三、形位公差带

形位公差带是指限制实际要素变动的区域。构成零件实际要素的点、线、面都必须处在该区域内，零件才为合格。形位公差带由形状、大小、方向和位置四个要素构成，并形成九种公差带形状(见表 4-4)。

表 4-4　形位公差带形状

序号	公差带形状(公差值)	符号	应用示例
1	两条平行直线(t)		给定平面内素线的直线度
2	两等距曲线(t)		线轮廓度
3	两同心圆(t)		圆度
4	一个圆(ϕt)		给定平面内点的位置度
5	一个球($S\phi t$)		空间点的位置度
6	一个圆柱(ϕt)		轴线的直线度
7	两同轴圆柱(t)		圆柱度
8	两平行平面(t)		面的平面度
9	两等距曲面(t)		面轮廓度

1. 公差带的形状

形位公差带的形状是由各个公差项目的定义决定的(见表 4-4)。

2. 公差带的大小

形位公差带的大小用公差值表示，公差值和公差带是多种多样的(见表 4-4)。公差带形状可分为两种，即用公差值表示宽度的两条平行直线、两等距曲线、两同心圆、两同轴圆柱、两平行平面、两等距曲面和用公差值表示直径的一个圆、一个球、一个圆柱。因此，形位公差值可以是公差带的宽度或直径。

3. 公差带的方向

公差带的方向分浮动和固定两种。当公差带的方向可以随实际被测要素的变动而变动，且没有对其他要素保持一定几何关系的要求时，公差带的方向是浮动的；当公差带的方向必须和基准要素保持一定几何关系时，公差带的方向是固定的。所以，一般位置公差(标有基准)的公差带的方向是固定的，形状公差(未标基准)的公差带的方向是浮动的。

4. 公差带的位置

公差带的位置分固定和浮动两种。浮动位置公差带是指零件的实际尺寸在一定的公差所允许的范围内变动，因此有的要素位置就必然随着变动，这时其形位公差带的位置也会随着零件实际尺寸的变动而变动。公差带位置浮动情况如图 4-21 所示，图中平行度公差带位置随着实际尺寸(20.25 和 19.95)的变动，其公差带位置亦不同。形位公差范围应在尺寸公差带之内，且形位公差带 $t \leqslant$ 尺寸公差 T。

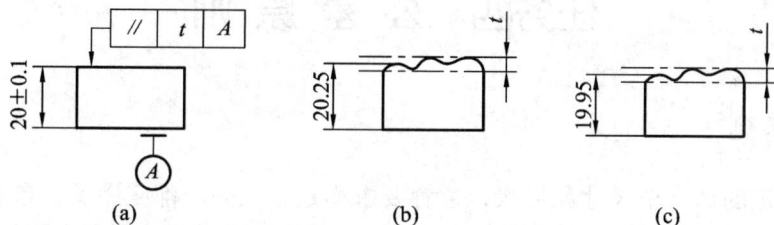

图 4-21 公差带位置浮动情况

固定位置公差带是指形位公差带的位置给定之后，它与零件上的实际尺寸无关，不随尺寸大小变化而发生位置的变动。公差带位置固定情况如图 4-22 所示，图中 t_1 对 t_2 有同轴度要求，t_1 为基准轴线，t_2 为被测轴线，公差带形状是直径为 t 的圆柱面，并与轴线同轴，其位置不随被测圆柱的直径尺寸大小的变动而变化。

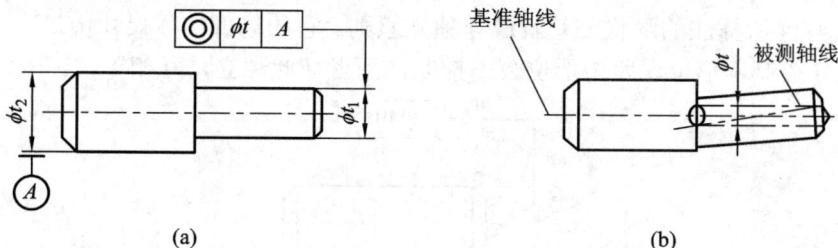

图 4-22 公差带位置固定情况

在形位公差中，属于固定位置公差带的有同轴度、对称度、部分位置度、部分轮廓度等项目，其余各项形位公差带均属于浮动位置公差带。

四、理论正确尺寸

对于要素的位置度、轮廓度或倾斜度，其尺寸由不带公差的理论正确位置、轮廓或角度确定，这种尺寸称为理论正确尺寸。

理论正确尺寸应围以框格表示。零件实际尺寸仅是由在公差框格中位置度、轮廓度或倾斜度公差来限定的。图 4-23 所示的 25 60° 就为理论正确尺寸，它不附加公差。

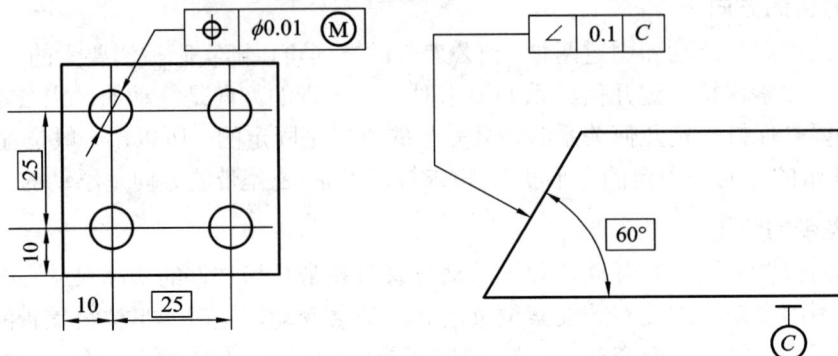

图 4-23　几何图框

任务四　公差原则

一、独立原则

图样上给定的每一个尺寸和形状、位置要求均是独立的，都应满足各自要求的公差原则。如果对尺寸和形状、尺寸与位置之间的相互关系有特殊要求，则应在图样上给予规定。独立原则是尺寸公差和形位公差之间相互关系应遵守的基本原则。

对于图 4-24 所示的销轴，基本尺寸为 $\phi 12$，尺寸公差为 0.02 mm，轴线的直线度公差为 $\phi 0.01$。当轴的实际尺寸在 $\phi 11.98$ 与 $\phi 12$ 之间，其轴线的直线度误差在 $\phi 0.01$ 范围内时，轴为合格。当直线度误差达到 0.012 mm 时，尽管尺寸误差控制在 0.02 mm 内，但零件由于轴线的直线度超差判为不合格。这说明零件的直线度公差与尺寸公差无关，应分别满足各自的要求。图 4-24 所标注的形状公差就遵守独立原则。它的局部实际尺寸由最大极限尺寸和最小极限尺寸控制，形位误差由形位公差控制，两者彼此独立，互相无关。

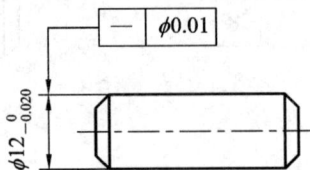

图 4-24　独立原则

二、相关要求

尺寸公差和形位公差相互有关的公差要求称为相关要求。相关要求包括包容要求、最大实体要求和最小实体要求。图 4-25 中的符号 Ⓜ 代表最大实体要求，这时形位公差不但与图中给定的直线度有关，而且当实际尺寸小于最大实体尺寸 $\phi12$ 时，其形位公差值可以增大。

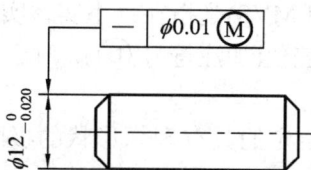

图 4-25　相关要求

1. 包容要求

包容要求就是要求实际要素处于具有理想的包容面内的一种公差，而该理想的形状尺寸为最大实体尺寸。

图样上尺寸公差的后面标注有符号 Ⓔ，表示该要素的形状公差和尺寸公差之间的关系应遵守包容要求(符号只在圆要素或由两个平行平面建立的要素上使用)，如图 4-26 所示。

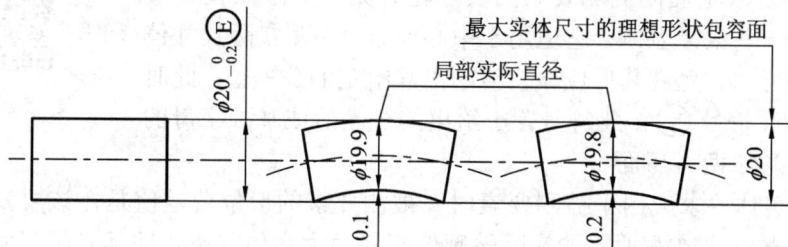

图 4-26　包容要求

(1) 局部实际尺寸。局部实际尺寸指在实际要素的任意正截面上两对应点之间测得的距离，如图 4-27 所示的 A_1、A_2、A_3。

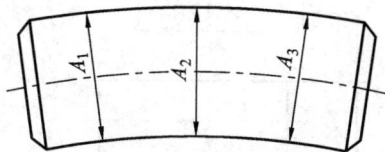

图 4-27　局部实际尺寸

(2) 最大实体状态和最大实体尺寸。最大实体状态(MMC)是指实测要素在给定长度上处于尺寸极限之内并具有实体最大时的状态；最大实体尺寸(MMS)是指实际要素在最大实体状态下的极限尺寸，对于外表面为最大极限尺寸，对于内表面为最小极限尺寸。

(3) 最大实体实效状态和最大实体实效尺寸。最大实体实效状态(MMVC)是指在给定长度上，实际要素处于最大实体状态且其中心要素的形状或位置误差等于给出公差值时的综合极限状态；最大实体实效尺寸(MMVS)是指在最大实体实效状态下的体外作用尺寸，对于内表面为最大实体尺寸减形位公差值(加注符号 Ⓜ)，对于外表面为最大实体尺寸加形位公差值(加注符号 Ⓜ)。

(4) 最小实体状态和最小实体尺寸。最小实体状态(LMC)是指实际要素在给定长度上处于尺寸极限之内并具有实体最小时的状态;最小实体尺寸(LMS)是指实际要素在最小实体状态下的极限尺寸,对于外表面为最小极限尺寸,对于内表面为最大极限尺寸。

(5) 最小实体实效状态和最小实体实效尺寸。最小实体实效状态(LMVC)是指在给定长度上,实际要素处于最小实体状态且其中心要素的形状或位置误差等于给出公差值时的综合极限状态;最小实体实效尺寸(LMVS)是指在最小实体实效状态下的体内作用尺寸,对于内表面为最小实体尺寸加形位公差值(加注符号 Ⓛ),对于外表面为最小实体尺寸减形位公差值(加注符号 Ⓛ)。

(6) 边界。边界是指由设计给定的具有理想形状的极限包容面。边界的尺寸为极限包容面的直径或距离。其中,尺寸为最大实体尺寸的边界称为最大实体边界;尺寸为最小实体尺寸的边界称为最小实体边界;尺寸为最大实体实效尺寸的边界称为最大实体实效边界;尺寸为最小实体实效尺寸的边界称为最小实体实效边界。

(7) 包容要求。包容要求适用于单一要素,如圆柱表面或两平行表面。包容要求表示实际要素应遵守其最大实体边界,其局部实际尺寸不得超出最小实体尺寸。

2. 最大实体要求(MMR)

最大实体要求是控制被测要素的实际轮廓处于其最大实体实效边界之内的一种公差要求,它适用于中心要素。当其实际尺寸偏离最大实体尺寸时,允许其形位误差值超出其给定的公差值。此时应在图样中标注符号 Ⓜ,此符号置于给出的公差值或基准字母的后面,或同时置于两者后面。

最大最小实体要求

(1) 最大实体要求应用于被测要素时,被测要素的形位公差值是在该要素处于最大实体状态时给出的。当被测要素的实际轮廓偏离其最大实体状态,即其实际尺寸偏离最大实体尺寸时,形位误差值可超出在最大实体状态下给出的形位公差值,即此时的形位公差值可以增大。其最大的增加量为该要素的最大实体尺寸与最小实体尺寸之差。最大实体要求的表示方法如图 4-28 所示。

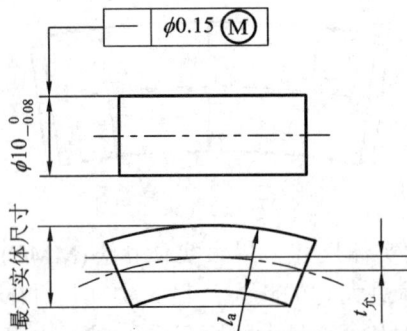

图 4-28　最大实体要求用于被测要素实例

图 4-28 中最大实体要求是用于被测要素 $\phi10_{-0.08}^{0}$ 轴线的直线度公差,该轴线的直线度公差是 $\phi0.015$,其中 $\phi0.015$ 是给定值,是在零件被测要素处于最大实体状态时给定的,就是当零件的实际尺寸为最大实体尺寸 $\phi10$ 时,给定的直线度公差是 $\phi0.015$。如果被测要素偏

离最大实体尺寸$\phi10$，则直线度公差允许增大，偏离多少就可以增大多少。这样就可以把尺寸公差没有用到的部分补偿给形位公差值，可列式为

$$t_允 = t_给 + t_增$$

式中：$t_允$为轴线直线度误差允许达到的值；$t_给$为图样上给定的形位公差值；$t_增$为零件实际尺寸偏离最大实体尺寸而产生的增大值。

(2) 最大实体要求应用于基准要素时，基准要素应遵守相应的边界。若基准要素的实际轮廓偏离其相应的边界，则允许基准要素在一定范围内浮动。此时基准的实际尺寸偏离最大实体尺寸多少，就允许增加多少，再与给定的形位公差值相加，就得到允许的公差值。

图 4-29 所示表明零件为最大实体要求应用于基准要素，而基准要求本身又要求遵守包容要求(加注符号 ⒠)，被测要素的同轴度公差值$\phi0.015$，是在该基准要素处于最大实体状态时给定的。如果基准要素的实际尺寸是$\phi49.981$时，同轴度的公差是图样上给定的公差值$\phi0.015$，当基准偏离最大实体状态时，其允许最大形位公差值为 0.034。

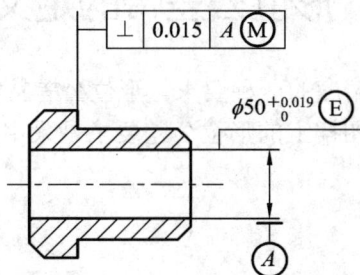

图 4-29　最大实体要求用于基准要素实例

3. 最小实体要求(LMR)

最小实体要求是当零件的实际尺寸偏离最小实体尺寸时，允许其形位误差值超出其给定的公差值，它适用于中心要素。

(1) 最小实体要求应用于被测要素时，被测要素的实际轮廓在给定的长度上不得超出最小实体实效边界，即其体内作用尺寸不应超出最小实体实效尺寸，且其局部实际尺寸不得超出最大实体尺寸和最小实体尺寸。

最小实体要求应用于被测要素时，被测要素的形位公差值是在该要素处于最小实体状态时给出的。当被测要素的实际轮廓偏离最小实体状态，即其实际尺寸偏离最小实体尺寸时，形位误差可超出在最小实体状态下给出的公差值。

若给出的公差值为零，则为零形位公差。此时，被测要素的最小实体实效边界等于最小实体边界，最小实体实际尺寸等于最小实体尺寸。

最小实体要求的符号为 ⓛ。当用于被测要素时，应在被测要素形位公差框格中的公差值后标注符号 ⓜ；当应用于基准要素时，应在形位公差框格内的基准字母代号后标注 ⓛ 符号。

(2) 最小实体要求应用于基准要素时，基准要素应遵守相应的边界，如图 4-30 所示。若基准要素的实际轮廓偏离相应的边界，即其体内作用尺寸偏离相应的边界尺寸，则允许基准要素在一定范围内浮动，浮动范围等于基准要素的体内作用尺寸与相应边界尺寸之差。

基准要素本身采用最小实体要求时，相应的边界为最小实体实效边界，此时基准代号

应直接标注在形成该最小实体实效边界的形位公差框格下面。

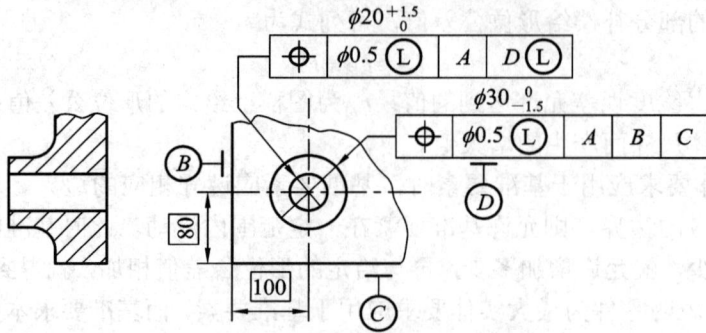

图 4-30　最小实体要求应用于基准要素

任务五　形位公差带的定义与标注

形位公差带是对零件几何精度的一种要求。形位公差特征共有 14 个项目，分别用 14 个符号表示。按照国标规定，图样上的形位公差要求是采用形位公差代号标注的，并用公差带概念来解释。

一、形位公差带的类型

形位公差带包括形状公差带、形状或位置公差带、位置公差带三种。

1. 形状公差带

形状公差带是控制单一要素的形状误差允许变动的范围。它包括直线度公差带、平面度公差带、圆度公差带和圆柱度公差带。

2. 形状或位置公差带

形状或位置公差带是控制被测要素的形状或位置误差允许变动的范围。它包括线轮廓度公差带和面轮廓度公差带。它含无基准要求和有基准要求两种。

3. 位置公差带

位置公差带是控制被测实际要素对基准要素在方向、位置和跳动方面误差允许变动的范围。它包括平行度公差带、垂直度公差带和倾斜度公差带三种有定向要求的公差带；同轴度公差带、对称度公差带和位置度公差带三种有定位要求的公差带；圆跳动公差带和全跳动公差带两种有跳动要求的公差带。

二、形位公差带的定义、标注和解释

GB/T 1182—2018《产品几何技术规范(GPS)　几何公差　形状、方向、位置和跳动公差标注》规定了形位公差带的定义、标注和解释，如表4-5所示。

表 4-5　形位公差带的定义、标注和解释

符号	公差带定义	标注和解释
	直线度公差	
一	给定平面内的直线度公差。在给定的平面内,直线公差带是距离为公差值 t 的两平行直线内的区域	被测表面的素线必须位于平行于图样所示投影而且距离为公差值 0.1 mm 的两平行直线内 直线度误差的检测
	给定平面内的直线度公差。在给定方向上,直线度公差带是距离为公差值 t 的两平行平面之间的区域	被测圆柱面的任一素线必须位于距离为公差值 0.1 mm 的两平行平面内
	任意方向上直线公差带。在任意方向上,直线度公差带是直径为公差值 t 的圆柱面内的区域	被测圆柱面的轴线必须位于直径为 0.08 mm 的圆柱面内
	平面度公差	
▱	平面度公差是距离为 t 的两平行平面间的区域	被测表面必须位于距离为公差值 0.08 mm 的两平行平面内 平面度误差的检测

符号	公差带定义	标注和解释
○	**圆度公差** 圆度公差带是在同一正截面上，半径差为公差 t 的两同心圆之间的距离 	被测圆柱面任一正截面的圆周必须位于半径差为公差值 0.03 mm 的两同心圆之间 　 圆度误差的检测 被测圆锥面任一正截面上的圆周必须位于半径差为公差值 0.1 mm 的两同心圆之间
⌭	**圆柱度公差** 圆柱度公差带是公差值 t 的两同轴圆柱面之间的区域 	被测圆柱必须位于半径差为 0.1 mm 的两同轴圆柱面之间
⌒	**线轮廓度公差** 线轮廓度公差带是包络一系列为公差值 t 的圆的两包络线之间的区域，圆的圆心位于具有理论正确几何形状的线上 无基准要求的线轮廓度公差见图(a) 有基准要求的线轮廓度公差见图(b) 	在平行于图样所示投影面的任一截面上，被测轮廓线必须位于包络一系列直径差为公差值 0.04 mm，且圆心位于具有理论正确几何形状的线上的两包络线之间 (a) (b)

续表二

符号	公差带定义	标注和解释
	面轮廓度公差	
⌒	面轮廓度公差是包络一系列直径为公差值 t 的球的两包络面之间的区域,球的球心应位于具有理论正确几何形状的面上 无基准要求的面轮廓度公差见图(a) 有基准要求的面轮廓度公差见图(b)	被测轮廓面必须位于包络一系列球的两包络面之间,球的直径为公差值 0.02 mm,且球心位于具备理论正确几何形状的面上的两包络面之间
	平行度公差	
	线对线的平行度公差	
//	公差带是距离为公差值 t 且平行于基准线的两平行平面之间的区域 	被测线必须位于距离为公差值 0.1 mm 且在给定方向上平行于基准线的两平行平面之间 平行度 被测线必须位于距离为公差值 0.2 mm 且在给定方向上平行于基准线的两平行平面之间

符号	公差带定义	标注和解释
	公差带是两对互相垂直的、距离为公差值 t_1 和 t_2 且平行于基准线的两平行平面间的区域 	被测线必须位于距离为公差值 0.2 mm 和 0.1 mm，在给定的互相垂直方向上且平行于基准线的两平行平面之间
$\parallel$	如在公差值前加注ϕ，则公差带是直径为公差值 t 且平行于基准线的圆柱面内的区域 	被测线必须位于直径为公差值 0.03 mm 且平行于基准线的圆柱面内
	线对面的平行度公差	
	公差带是距离为公差值 t 且平行于基准平面的两平行平面之间的区域 	被测线必须位于距离为公差值 0.01 mm 且平行于基准平面 B 的两平行平面之间

符号	公差带定义	标注和解释
//	**面对线的平行度公差** 公差带是距离为公差值 t，且平行于基准线的两平行平面间的区域 **面对面的平行度公差** 公差带是距离为公差值 t，且平行于基准平面的两平行平面间的区域	被测表面必须位于距离为公差值 0.1 mm 且平行于基准线 C 的两条平行平面之间 被测表面必须位于距离为公差值 0.1 mm 且平行于基准平面 D 的两平行平面之间
⊥	**垂直度公差** **线对线的垂直度** 公差带是距离为公差值 t 且垂直于基准线的两平行平面之间的区域 **线对面的垂直度** 在给定方向上，公差带是距离为公差值 t 且垂直于基准平面的两平行平面之间的区域	被测线必须位于距离为公差值 0.1 mm 且垂直于基准线 A 的两平行平面之间 在给定方向上被测线必须位于距离为公差值 0.1 mm 且垂直于基准平面 A 的两平行平面之间

垂直度

符号	公差带定义	标注和解释
⊥	公差带是互相垂直距离为公差值 t_1 和 t_2 且垂直于基准平面的两平行平面之间的区域 	被测线必须位于距离为公差值 0.2 mm 和 0.1 mm 的互相垂直且垂直于基准平面的两平行平面之间
	如在公差值前加注 ϕ，则公差带是直径为公差值 t 且平行于基准平面的圆柱面内的区域 	被测线必须位于直径为公差值 0.01 mm 且平行于基准平面 A 的圆柱面内
	面对线的垂直度	
	公差带是距离为公差值 t 且垂直于基准线的两平行平面之间的区域 	被测线必须位于距离为公差值 0.08 mm 且垂直于基准线 A 的两平行平面之间
	面对面的垂直度	
	公差带是距离为公差值 t 且垂直于基准平面的两平行平面之间的区域 	被测线必须位于距离为公差值 0.08 mm 且垂直于基准平面 A 的两平行平面之间

符号	公差带定义	标注和解释
	倾斜度公差	
	线对线的倾斜公差	
∠	被测线和基准线在同一平面内：公差带是距离为公差值 t 且与基准线成一定角度的两平行平面之间的区域 	被测线必须位于为公差值 0.08 mm 且与 A—B 公共基准线成理论正确角度 60°的两平面之间
	被测线与基准线不在同一平面内：公差带是距离为公差值 t 且与基准线成一定角度的两平行平面之间的区域。由于被测线与基准线不在同一平面内，因此被测线应投射到包含基准线并平行于被测线的平面上，公差带是相对于投射到该平面的线而言的 	被测线投射到包含基准线的平面上，且必须位于距离为公差值 0.08 mm 并与 A—B 公共基准线成理论正确角度 60°的两平行平面之间
	线对面的倾斜公差	
	公差带是距离为公差值 t 且垂直于基准线的两平行平面之间的区域 	被测线必须位于距离为公差值 0.08 mm 且与基准平面 A 成理论正确角度 60°的两平行平面之间

符号	公差带定义	标注和解释
	如在公差值前加注φ，则公差带是直径为公差值 t 的圆柱面内的区域，该圆柱面轴线应与基准平面呈一定的角度并平行于另一基准平面	被测线必须位于直径为 0.1 mm 的圆柱公差带内，该公差带的轴线应于基准平面 A 呈理论正确角度 60° 并平行于基准平面 B
∠	面对线的倾斜公差	
	公差带是距离为公差值 t 且与基准线成一给定角度的两平行平面之间的区域	被测表面必须位于距离为公差值 0.1 mm 且与基准线 A 成理论正确角度 75° 的两平行平面之间
	面对面的倾斜公差	
	公差带是距离为公差值 t 且与基准平面成一给定角度的两平行平面之间的区域	被测表面必须位于距离为公差值 0.08 mm 且与基准线 A 成理论正确角度 40° 的两平行平面之间

符号	公差带定义	标注和解释
	位置度公差	
	点的位置度	
	如在公差值前加注ϕ，则公差带是直径为公差值 t 的圆内区域，圆公差带中心点的位置由相对基准 A、B 和理论正确尺寸确定 	两个中心线的交点必须位于直径为公差值 0.3 mm 的圆内，该圆的圆心位于由相对基准 A、B(基准直线)和理论正确尺寸所确定的点的理想位置上 位置度
$\bigoplus$	如在公差值前加注 $S\phi$，则公差带是直径为公差值 t 的球内区域，球公差带中心点的位置由相对基准 A、B、C 和理论正确尺寸确定 	被测球心必须位于直径为公差值 0.3 mm 的球内，该球的球心位于由相对基准 A、B、C 和理论正确尺寸所确定的理想位置上
	线的位置度公差	
	公差带是距离为公差值 t 且以线的理想位置为中心线对称配置的两平行直线之间的区域。中心线的位置由相对基准 A 和理论正确尺寸确定，此位置度公差仅给定一个方向 	每根线的中心线必须位于距离为公差值 0.05 mm 且由相对基准 A 和理论正确尺寸所确定的理想位置对称的两平行直线之间

符号	公差带定义	标注和解释
⟟	**平面或中心平面的位置度公差**	
	公差带是距离为公差值 t 且以面的理想位置为中心对称配置的两平行平面之间的区域。面的理想位置由相对基准面体系和理论正确尺寸确定 A 基准平面 B 基准线	面必须位于距离为 0.05 mm 且由相对基准线 B 或基准平面 A 和理论正确尺寸所确定的理想位置对称配置的两平行平面之间 105° 15 B ⟟ 0.05 B A A
◎	**同轴度公差**	
	点的同轴度公差	
	公差带是距离为公差值 t 且与基准圆心同心的圆内区域 ϕt 基准点	外圆圆心必须仅位于直径为公差值 0.01 mm 且与基准圆心同心的圆内 同轴度 A ◎ $\phi 0.01$ A
	轴线的同轴度公差	
	公差带是直径为公差值 t 的圆柱面内的区域,该圆柱面的轴线与基准轴线同轴 ϕt 基准轴线	大圆柱面的轴线必须位于直径为公差值 0.08 mm 且与公共基准线 $A—B$(公共基准轴线)同轴的圆柱面内 ◎ $\phi 0.08$ $A—B$ A B

符号	公差带定义	标注和解释
	对称度公差	
	中心平面的对称度公差	
⚌	公差带是距离为公差值 t 且相对于基准中心平面对称配置的两平行平面之间的区域 	被测中心平面必须位于公差值 0.08 mm 且相对于基准中心平面 A 对称配置的两平行平面之间 被测中心平面必须位于距离为公差值 0.08 mm 且相对于公共基准中心平面 A—B 对称配置的两平行平面之间
	圆跳动	
	径向圆跳动	
↗	公差带是在垂直于基准轴线的任一测量平面内，半径差为公差值 t 且圆心在基准轴线上的两同心圆之间的区域 	当被测要素受基准轴线 A 并同时受基准平面 B 的约束旋转一周时，在任一测量平面内的径向圆跳动量不得大于 0.1 mm
	端面圆跳动	
	公差带是与基准轴线同轴的任一半径位置的测量圆柱面上距离为公差值 t 的两圆之间的区域 	被测面围绕基准轴线 D 旋转一周时，在任一测量平面内的端面图跳动量均不得大于 0.1 mm

符号	公差带定义	标注和解释
	全跳动公差	
	径向全跳动公差	
	公差带是半径差值为 t 且与基准轴线同轴的两圆柱面之间的区域 基准轴线	被测要素公共基准轴线 $A—B$ 作若干次旋转，并在测量仪器与工件间同时作轴向转动时，被测要素上各点间的示值差均不得大于 0.1 mm。测量仪器沿着基准轴线方向并相对于公共基准轴线 $A—B$ 跳动公差 $\boxed{\text{≀≀}\ |\ 0.1\ |\ A—B}$
	端面全跳动公差	
	公差带是半径差值为 t 且与基准轴线垂直的两平行平面之间的区域 基准轴线	被测要素基准轴线 D 作若干次旋转，并在测量仪器与工件间作径向移动时，被测要素上各点间的示值差均不得大于 0.1 mm。被测仪器沿着轮廓具有理想正确形状的线和相对于基准轴线 D 的正确方向移动 $\boxed{\text{≀≀}\ |\ 0.1\ |\ A}$

任务六 形位误差的评定

几何误差的评定

形位误差是指被测实际要素对其理想要素的变动量。几何误差值若小于或等于相应的形位公差值，则认为被测要素合格，而理想要素的位置应符合最小条件，即理想要素处于符合最小条件的位置时，被测实际要素对其理想要素的最大变动量为最小。

一、最小包容区域

最小包容区域示意图如图 4-31 所示。由图可知，评定给定平面内的直线度误差时，理想直线可能的方向为Ⅰ、Ⅱ、Ⅲ，相应评定的直线度误差值分别为 f_1、f_2、f_3。为了使评定的形状误差有一个确定的数值，规定被测实际要素与其理想要素间的相对关系应符合最小条件。显然，理想直线应选择符合最小条件方向Ⅰ，f_1 为实际被测直线的直线度误差值。

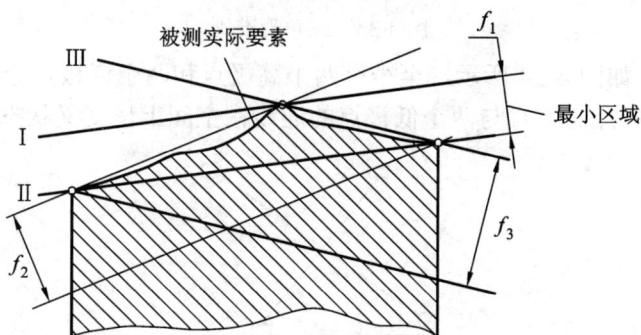

图 4-31　最小包容区域示意图

评定形状误差时，按最小条件的要求，用最小包容区域的宽度或直径来评定。最小包容区域是指包容实际被测要素时具有最小宽度或直径的包容区域。各个形状误差项目的最小包容区域的形状分别与各自的形状公差带形状相同，但前者的宽度或直径由实际被测要素本身决定。此外，在满足零件功能要求的前提下也允许采用其他评定方法来评定形状误差值。

二、形位误差的评定

1. 形状误差值的评定

(1) 直线度误差值的评定。直线度误差值用最小包容区域法和两端点连线法来评定。如图 4-32 所示为直线度误差最小包容区域判别准则。由两端点连线法来评定是指，由两条平行直线包容实际被测直线时，实际被测直线上至少有高、低相间的三点分别与这两条平行直线接触，称之为相间准则。这两条平行直线之间的区域即为最小包容区域，这个区域的宽度 f 就是符合定义的直线度误差值。

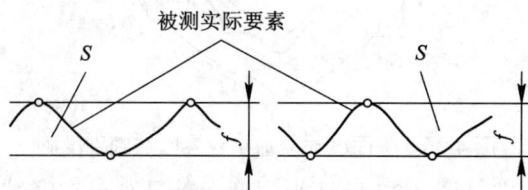

图 4-32　直线度误差最小包容区域判别准则

(2) 平面度误差值的评定。平面度误差值可用最小包容区域法来评定。平面度误差值最小包容区域的判别准则为三角形准则、交叉准则和直线准则。

① 三角形准则：如图 4-33 所示，至少有三个高(低)极点与一个平面接触，有一个低 (高)极点与另一个平面接触，并且这一个极点的投影落在上述三个极点连成的三角形内。

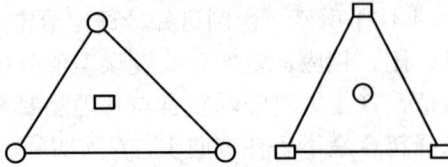

图 4-33 三角形准则

② 交叉准则：如图 4-34 所示，至少有两个高极点和两个低极点分别与这两个平行平面接触，并且两高极点的连线与两个低极点的连线在空间上呈交叉状态。

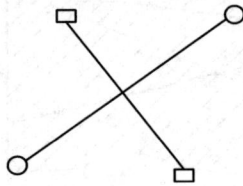

图 4-34 交叉准则

③ 直线准则：如图 4-35 所示，一个高(低)极点与另一个包容面上的投影位于高(低)极点的连线上。

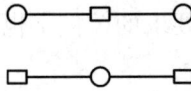

图 4-35 直线准则

利用三角形准则、交叉准则和直线准则判定的两个平行平面之间的区域即为最小包容区域，该区域的宽度 f 即为符合定义的平面度误差。图 4-36 为平面度误差最小包容区域判别准则。

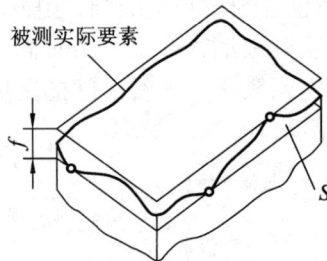

图 4-36 平面度误差最小包容区域判别准则

(3) 圆度误差值的评定。图 4-37 所示为圆度误差最小包容区域判别准则：由两个同心圆包容实际被测圆时，实际被测圆上至少有四个极限点内、外相间地与这两个同心圆接触，则这个同心圆之间的区域即为最小包容区域，这个区域的宽度 f(同心圆的半径差)就是符合定义的圆度误差。

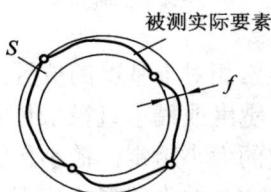

图 4-37　圆度误差值最小包容区域判别准则

此外，圆度误差值还可用最小二乘法、最小外接圆法或最大内接圆法来评定。

(4) 圆柱度误差值的评定。圆柱度误差值可按最小区域法评定。图 4-38 所示为圆柱度误差值最小包容区域判别准则：作半径差为最小的两同轴圆柱面包容实际被测圆柱面，构成最小包容区域，最小包容区域的径向宽度即为符合定义的圆柱度误差值。但是，按照最小包容区域法评定圆柱度误差值比较麻烦，通常采用近似法评定。

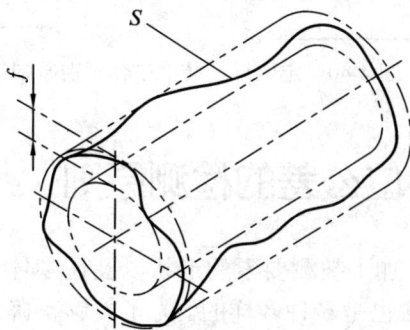

图 4-38　圆柱度误差值最小包容区域判别准则

采用近似法评定圆柱度误差值时，将测得的实际轮廓投影于与测量轴线相垂直的平面上，然后按评定圆度误差的方法用透明模板上的同心圆去包容实际轮廓的投影，并使其构成最小包容区域，即内外同心圆与实际轮廓线投影至少有四点接触，则内外同心圆的半径差即为圆柱度误差值。这样评定的圆柱度误差值略有增大。

2. 定向误差值的评定

图 4-39 所示为定向误差值最小包容区域判别原则。在评定定向误差时，理想要素要在基准 A 上保持图样上给定的几何关系，即平行、垂直或倾斜某一理论正确角度，按实际被测要素对理想要素的最大变动量为最小构成最小包容区域。定向误差值用对基准保持所要求方向的定向最小包容区域的最小宽度 f 或直径 ϕf 来表示。定向最小包容区域的形状和定向公差带的形状相同，但前者的宽度和直径由实际被测要素本身决定。

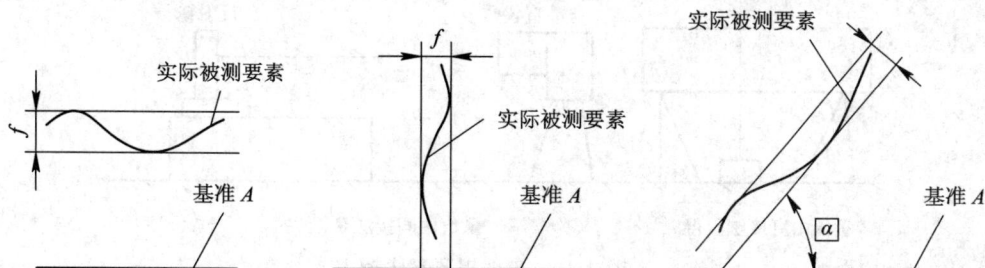

图 4-39　定向误差最小包容区域判别准则

3. 定位误差值的评定

定位误差值的评定是由理想要素相对于基准的位置的理论正确尺寸来确定的，即以理想要素的位置为中心使之具有最小宽度或最小直径来包容实际要素。图 4-40 所示为定位误差最小包容判别原则：定位误差值的大小用定位最小包容区域的最小宽度 f 或直径 ϕf 来表示。定位最小包容区域的形状与定位公差带的形状相同。

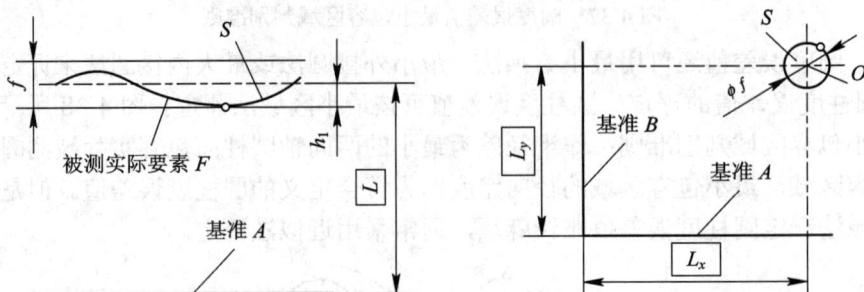

图 4-40　定位误差最小包容判别原则

任务七　形位公差的检测原则

几何误差的
检测原则

形位公差的项目比较多，加上被测要素的形状以及在零件上所处的位置不同，所以其检测方法也是多种多样的。为了能够正确地检测形位误差，便于合理地选择测量方法、量具和量仪，《产品几个量技术规范(GPS)　几何公差　检测与验证》(GB/T 1958—2017)中规定了五种检测原则。

一、与理想要素比较的原则

与理想要素比较的原则就是将被测实际要素与理想要素比较，误差值由直接或间接测量方法获得。理想要素用模拟方法获得，使用此原则所测得的结果与规定的误差定义一致，是一种检测形位误差的基本原则。实际上，大多数形位误差的检测都应用这个原则。检测方法如图 4-41 所示。

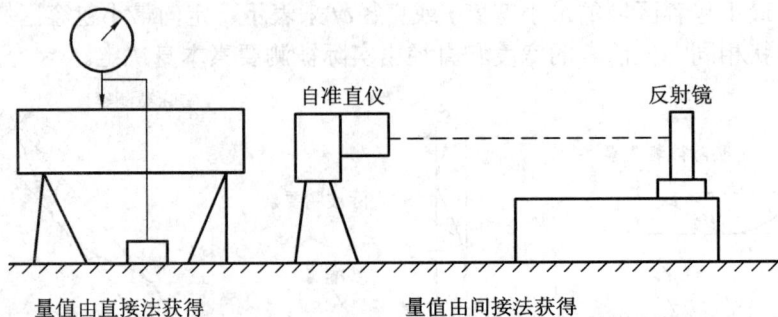

量值由直接法获得　　　　　　　　量值由间接法获得

图 4-41　与理想要素比较

二、测量坐标值原则

测量坐标值原则就是测量被测实际要素的坐标值(如直角坐标值、极坐标值、圆柱面坐标值),并经过数字处理获得形位误差值。这项原则适用于测量形状复杂的表面,它的数字处理工作比较复杂,目前这种测量方法还不能普遍应用。检测方法如图 4-42 所示。

三、测量特征参数原则

测量特征参数原则就是被测实际要素上具有代表性的参数(特征参数)来表示形位误差值。这是一种近似测量方法,易于实现,所以在实际生产中经常使用。检测方法如图 4-43 所示。

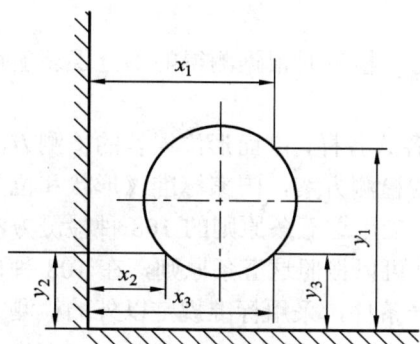

图 4-42 测量坐标值

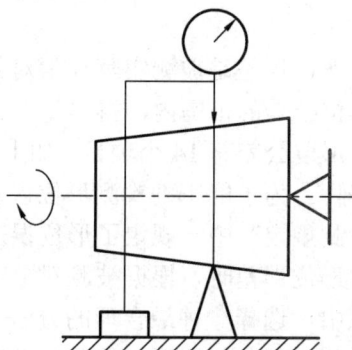

图 4-43 测量特征参数

四、测量跳动原则

测量跳动原则就是被测实际要素绕基准轴线回转,在回转过程中沿给定的方向测量其对某参考点或某线的变动量。变动量是指示器上最大与最小的读数值之差。这种方法使用时比较简单,仅限测量回转体形位误差。检测方法如图 4-44 所示。

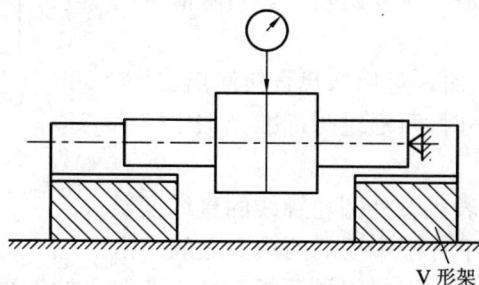

V 形架

图 4-44 测量跳动

五、控制实效边界原则

控制实效边界原则就是检验被测实际要素是否超过实效边界。一般是使用综合量规检测被测实际要素是否超越实效边界，以此判断零件是否合格。这种原则应用在被测要素是按最大实体要求规定所给定的形位公差，检测方法如图 4-45 所示。

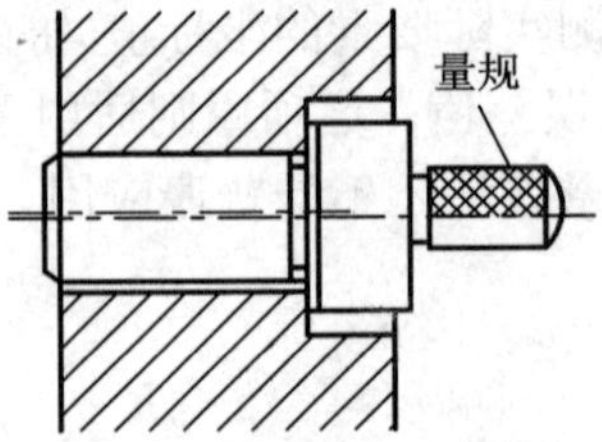

图 4-45　用综合量规检验同轴度误差

任务八　形位误差的检测

　　形位误差是被测实际要素对其理想要素的变动量。检测时根据测得的形位误差值得否在形位公差的范围内，得出零件合格与否的结论。

　　形位公差有 14 个项目，加上零件的结构形式又各式各样，因而形位误差的检测方法有很多种。为了能正确检测形位误差，便于选择合理的检测方案，国家标准《形状和位置公差检测规定》中，规定了形位误差的五条检测原则及应用这五条原则的 108 种检测方法。检测形位误差时，根据被测对象的特点和客观条件，可以按照这五条原则，在 108 种检测方法中，选择一种最合理的方法。也可根据实际生产条件，采用标准规定以外的检测方法和检测装置，但要保证能获得正确的检测结果。

一、形状误差的检测

1. 直线度误差的检测

　　图 4-46 所示为用刀口尺测量某一表面轮廓线的直线度误差。将刀口尺的刃口与实际轮廓紧贴，实际轮廓线与刃口之间的最大间隙就是直线度误差，其间隙值可由两种方法获得：

　　(1) 当直线度误差较大时，可用塞尺直接测出。

　　(2) 当直线度误差较小时，可通过与标准光隙比较估读出误差值。

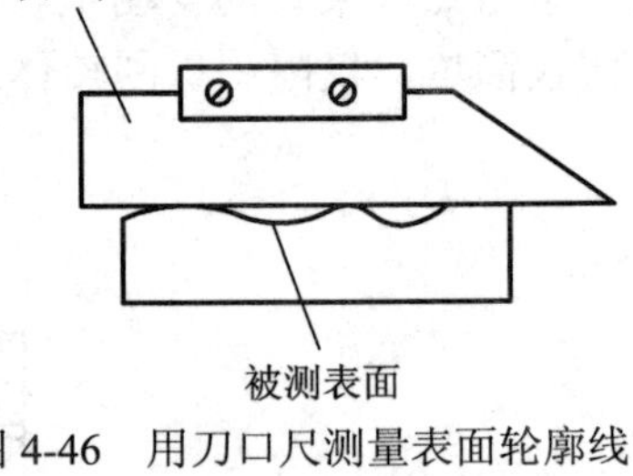

　　图 4-47 所示为用指示表测量外圆轮廓线的直线度误

图 4-46　用刀口尺测量表面轮廓线的
直线度误差

差。测量时将工件安装在平行于平板的两顶尖之间，沿铅垂轴截面的两条素线测量，同时记录两指示表在各测点的读数差(绝对值)，取各测点读数差的一半的最大值为该轴截面轴线的直线度误差。按上述方法测量若干个轴截面，取其中最大的误差值作为该外圆轴线的直线度误差。

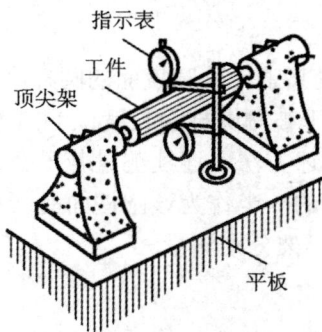

图 4-47　用指示表测量外圆轮廓线的直线度误差

2. 平面度误差的检测

图 4-48 所示为用指示表测量平面度误差。测量时将工件支承在平板上，借助指示表调整被测平面对角线上的 a 与 b 两点，使之等高。再调整另一对角线上的 c 与 d 两点，使之等高。然后移转指示表测量平面上各点，指示表的最大与最小读数之差即为该平面的平面度误差。

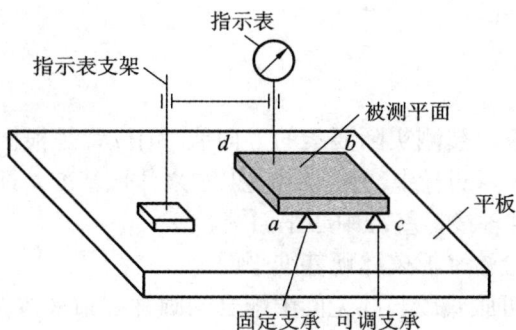

图 4-48　用指示表测量平面度误差

3. 圆度误差的检测

检测外圆表面的圆度误差时，可用千分尺测出同一正截面的最大直径差，此差值的一半即为该截面的圆度误差。测量若干个正截面，取其中最大的误差值作为该外圆的圆度误差。

圆柱孔的圆度误差可用内径百分表(或千分表)检测，其测量方法与上述相同。图 4-49 所示为用指示表测量圆锥面的圆度误差。测量时应使圆锥面的轴线垂直于测量截面，同时固定轴向位置。在工件回转一周过程中，指示表读数的最大差值的一半即为该截面的圆度误差。按上述方法测量若干个截面，取其中最大的误差值作为该圆锥面的圆度误差。

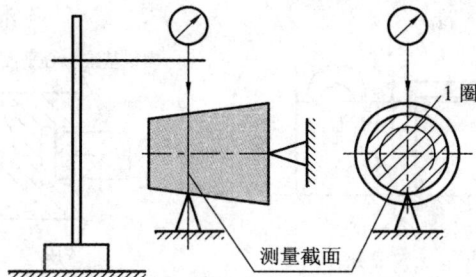

图 4-49　用指示表测量圆锥面的圆度误差

4. 圆柱度误差的检测

图 4-50 所示为用指示表测量某工件外圆表面的圆柱度误差。测量时，将工件放在平板上的 V 形架内(V 形架的长度大于被测圆柱面长度)。在工件回转一周过程中，测出一个正截面上的最大与最小读数。按上述方法，连续测量若干个正截面，取各截面内所测得的所有读数中最大与最小读数的差值的一半作为该圆柱面的圆柱度误差。为测量准确，通常使用夹角为 90° 和 120° 的两个 V 形架分别测量。

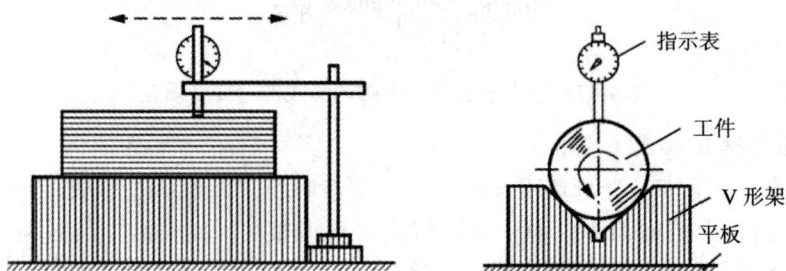

图 4-50　用指示表测量外圆表面的圆柱度误差

二、位置误差的检测

在位置误差的检测中，被测实际要素的方向或(和)位置是根据基准来确定的。理想基准要素是不存在的，在实际测量中，通常用模拟法来体现基准，即用有足够精确形状的表面来体现基准平面、基准轴线、基准中心平面等。

图 4-51(a)所示为用检验平板来体现基准平面。

图 4-51(b)所示为用可胀式或与孔无间隙配合的圆柱心轴来体现孔的基准轴线。

图 4-51(c)所示为用 V 形架来体现外圆的基准轴线。

图 4-51(d)所示为用与实际轮廓成无间隙配合的平行平面定位块的中心平面来体现基准中心平面。

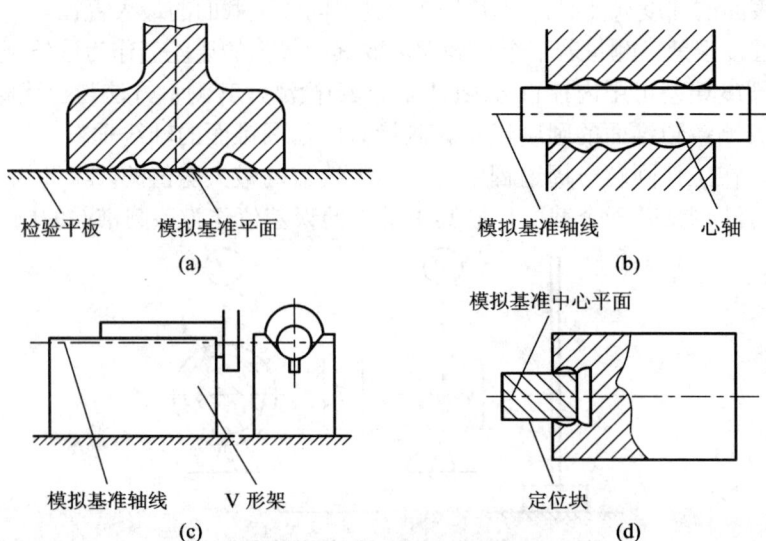

图 4-51　用模拟法体现基准

1. 平行度误差的检测

图 4-52 所示为用指示表测量面对面的平行度误差。测量时将工件放置在平板上，用指示表测量被测平面上各点，指示表的最大与最小读数之差即为该工件的平行度误差。

图 4-53 所示为测量某工件孔轴线对底平面的平行度误差。测量时将工件直接放置在平板上，被测孔轴线由心轴模拟。在测量距离为 L_1、L_2 的两个位置上测得的读数分别为 M_1、M_2，则平行度误差为 $\dfrac{L_1}{L_2}|M_1 - M_2|$，其中 L_1 为被测孔轴线的长度。

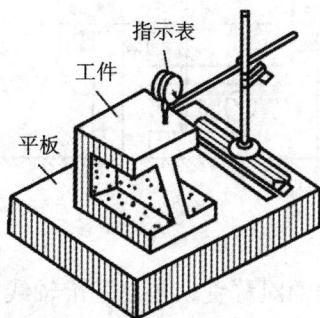

图 4-52　面对面平行度误差的检测

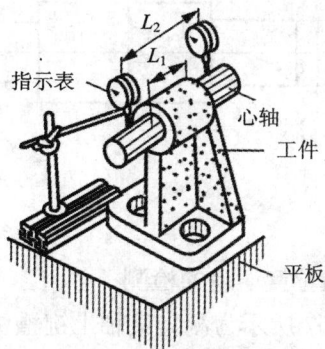

图 4-53　线对面平行度误差的检测

2. 垂直度误差的检测

图 4-54 所示为用精密直角尺检测面对面的垂直度误差。检测时将工件放置在平板上，精密直角尺的短边置于平板上，长边靠在被测平面上，用塞尺测量直角尺长边与被测平面之间的最大间隙。移动直角尺，在不同位置上重复上述测量，取测得 f 的最大值 $f_{\max}$ 作为该平面的垂直度误差。

图 4-54 所示为测量某工件端面对孔轴线的垂直度误差。测量时将工件套在心轴上，心轴固定在 V 形架内，基准孔轴线通过心轴由 V 形架模拟。用指示表测量被测端面上各点，指示表的最大与最小读数之差即为该端面的垂直度误差。

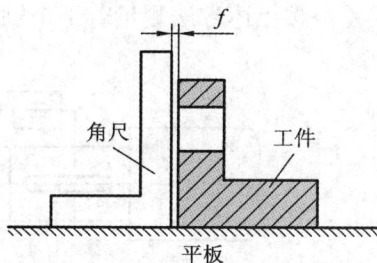

图 4-54　面对面垂直度误差的检测

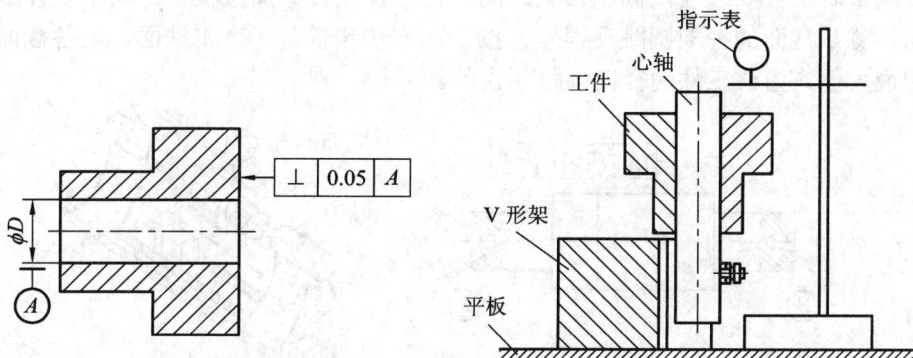

图 4-55　面对线垂直度误差的检测

3. 同轴度误差的检测

图 4-56 所示为测量某台阶轴 ϕd 轴线对两端 ϕd_1 轴线组成的公共轴线的同轴度误差。测量时将工件放置在两个等高 V 形架上，沿铅垂轴截面的两条素线测量，同时记录两指示表在各测点的读数差(绝对值)，取各测点读数差的最大值为该轴截面轴线的同轴度误差。转动工件，按上述方法测量若干个轴截面，取其中最大的误差值作为该工件的同轴度误差。

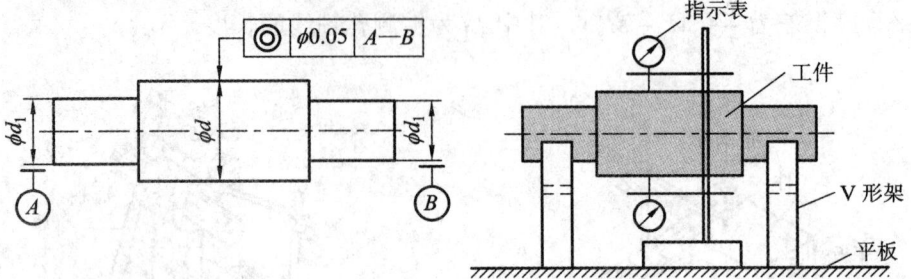

图 4-56　同轴度误差的检测

4. 对称度误差的检测

图 4-57 所示为测量某轴上键槽中心平面对 ϕd 轴线的对称度误差。基准轴线由 V 形架模拟，键槽中心平面由定位块模拟。测量时用指示表调整工件，使定位块沿径向与平板平行并读数，然后将工件旋转后重复上述测量，取两次读数的差值作为该测量截面的对称度误差。按上述方法测量若干个轴截面，取其中最大的误差值作为该工件的对称度误差。

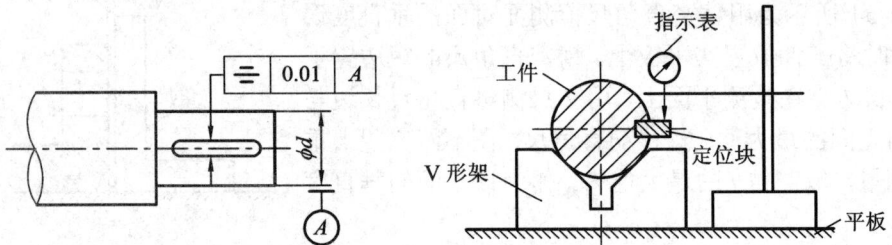

图 4-57　对称度误差的检测

5. 圆跳动误差的检测

图 4-58 所示为测量某台阶轴 ϕd 圆柱面对两端中心孔轴线组成的公共轴线的径向圆跳动误差。测量时工件安装在两同轴顶尖之间，在工件回转一周过程中，指示表读数的最大差值即为该测量截面的径向圆跳动误差。按上述方法测量若干个正截面，取各截面测得的跳动量的最大值作为该工件的径向圆跳动误差。

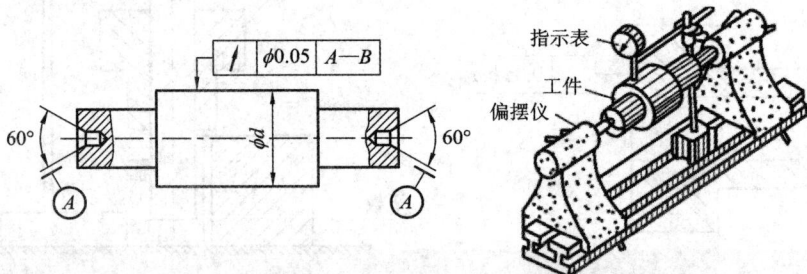

图 4-58　径向圆跳动误差的检测

图 4-59 所示为测量某工件端面对 ϕd 外圆轴线的端面圆跳动误差。测量时将工件支承在导向套筒内,并在轴向固定。在工件回转一周过程中,指示表读数的最大差值即为该测量圆柱面上的端面圆跳动误差。将指示表沿被测端面径向移动,按上述方法测量若干个位置的端面圆跳动,取其中的最大值作为该工件的端面圆跳动误差。

图 4-60 所示为测量某工件圆锥面对 ϕd 外圆轴线的斜向圆跳动误差。测量时将工件支承在导向套筒内,并在轴向固定。指示表测头的测量方向要垂直于被测圆锥面。在工件回转一周过程中,指示表读数的最大差值即为该测量圆锥面上的斜向圆跳动误差。将指示表沿被测圆锥面素线移动,按上述方法测量若干个位置的斜向圆跳动,取其中的最大值作为该圆锥面的斜向圆跳动误差。

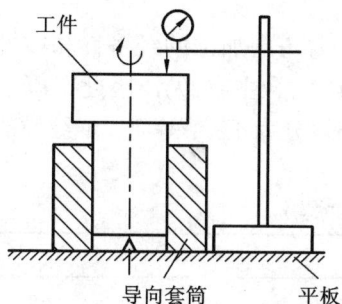

图 4-59　端面圆跳动误差的检测

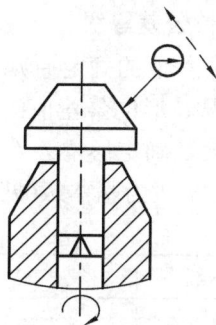

图 4-60　斜向圆跳动误差的检测

任务九　形位公差的选择

正确选用形位公差项目,合理确定形位公差数值,对提高产品的质量和降低成本具有十分重要的意义。形位公差的选用主要包含选择和确定公差项目、公差数值、基准以及选择正确的标注方法。

几何公差的选择

一、形位公差项目的选择

形位公差项目选择的基本依据是要素的几何特征、零件的结构特点和使用要求。因为任何一个机械零件都是由简单的几何要素组成的,所以机械加工时,零件上的要素总是存在着形位误差。形位公差项目就是根据零件上某个要素的形状和要素之间的相互位置的精度要求而确定的,因此选择形位公差项目的基本依据是要素。然后,按照零件的结构特点、使用要求、检测的方便和形位公差项目之间的协调来选定。

例如,对于回转类(轴类、套类)零件中的阶梯轴,它的轮廓要素是圆柱面、端面,中心要素是轴线。圆柱面选择圆柱度是理想项目,因为它能综合控制径向的圆度误差,轴向的直线度误差和素线的平行度误差。考虑检测的方便性,也可选圆度和素线的平行度。但需注意,当形位公差项目选定为圆柱度时,若对圆度无进一步要求,则不必再选圆度,以避免重复。

要素之间的位置关系(例如阶梯轴的轴线有位置要求)可选用同轴度或跳动项目。具体选哪一项目,应根据项目的特征、零件的使用要求、检测等因素确定。

从项目特征看,同轴度主要用于轴线,是为了限制轴线的偏离。跳动能综合限制要素的形状和位置误差,且检测方便,但它不能反映单项误差。从零件的使用要求看,若阶梯轴两轴承位明确要求限制轴线间的偏差,则应采用同轴度。但如阶梯轴对形位精度有要求,而又无需区分轴线的位置误差与圆柱面的形状误差,则可选择跳动项目。

二、形位公差值的确定

1. 形位公差等级

形位公差值的确定原则是根据零件的功能要求,并考虑加工的经济性和零件的结构、刚性等情况。形位公差值的大小由形位公差等级确定(结合主参数),因此,确定形位公差值实际上就是确定形位公差等级。在国标中,形位公差分为 12 个等级,1 级最高,依次递减,6 级与 7 级为基本级(见表 4-6)。

表 4-6　形位公差基本级

基本级	项　　目				
6	—	▱	∥	⊥	∠
7	○	⌀	◎	≡	↗

2. 确定形位公差等级应考虑的问题

(1) 零件的结构特点:对于刚性较差的零件,如细长的轴或孔、跨距较大的轴或孔以及宽度较大的零件表面(一般大于 1/2 长度),由于加工时易产生较大的形位误差,因此应较正常情况选择低 1~2 级形位公差等级。

(2) 协调形位公差值与尺寸公差值之间的关系:在同一要素上给出的形状公差值应小于位置公差值。例如,对于平行的两个表面,其平面度公差应小于平行度公差值。

圆柱形零件的形状公差值(轴线的直线度除外)一般情况下应小于其尺寸公差值。平行度公差值应小于其相应的距离尺寸的尺寸公差值。所以,形位公差值与相应要素的尺寸公差值的一般原则是

$$t_{形状} < t_{位置} < T_{尺寸}$$

(3) 形状公差与表面粗糙度的关系:在选用公差等级时,应注意协调形状公差与表面粗糙度之间的关系,通常情况下,表面粗糙度的数值占形状公差值的 20%~25%

三、基准的选择

如前所述,基准是确定关联要素间方向或位置的依据。在考虑选择位置公差项目时,必然同时考虑要采用的基准。例如,选用单一基准、组合基准还是选用多基准。

单一基准由一个要素作基准使用,如平面、圆柱面的轴线,可建立基准平面、基准轴线。组合基准是由两个或两个以上要素构成的作为单一基准使用,选择基准时,一般应从下列几方面考虑:

(1) 根据要素的功能及对被测要素间的几何关系来选择基准，如轴类零件，通常以两个轴承来支承运转，其运转轴线是安装轴承的两轴颈公共轴线。因此，从功能要求和控制其他要素的位置精度来看，应选这两个轴颈的公共轴线为基准。

(2) 根据装配关系，应选择零件相互配合、相互接触的表面作为各自的基准，以保证装配要求。

(3) 从加工、检验角度考虑，应选择在夹具、检具中定位的相应要素为基准。这样能使所选基准与定位基准、检测基准、装配基准重合，以消除基准不重合引起的误差。

例如，对于图 4-61 所示的圆柱齿轮，它以内孔 $\phi40H7$ 安装在轴上，轴向定位以齿轮端面靠在轴肩上。因此，齿轮端面对 $\phi40H7$ 轴线有垂直度要求，且要求齿轮两端面平行；同时考虑齿轮内孔与切齿分开加工，切齿时齿轮以端面和内孔定位在机床心轴上，当齿顶圆作为测量基准时，还要求齿顶圆的轴线与内孔 $\phi40H7$ 轴线同轴。事实上，端面和轴线都是设计基准，因此从使用要求、要素的几何关系、基准重合等考虑，选择 $\phi40H7$ 轴线作为端面与齿顶圆的基准是合适的。为了考虑检测方便，图 4-61 中采用了跳动公差(或全跳动公差)。选定轴线为基准，还满足了装配基准、检测基准、加工基准与设计基准的重合。同时又使圆柱齿轮上各项位置公差采用统一的基准。

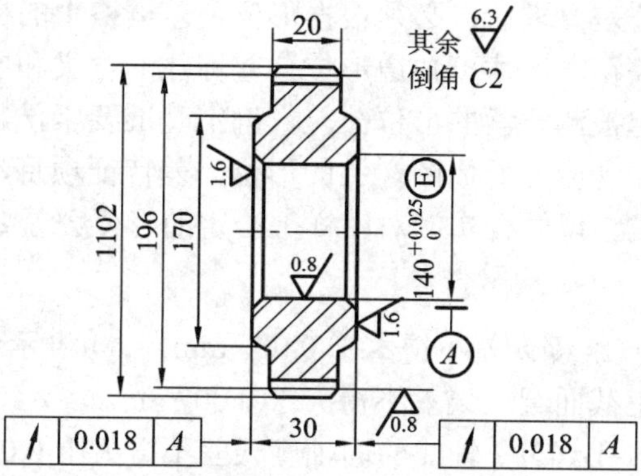

图 4-61　圆柱齿轮基准选择

(4) 从零件的结构考虑，应选较大的表面、较长的要素(如轴线)作为基准，以便定位稳固、准确。对于结构复杂的零件，一般应选三个基准，建立三基面体系，以确定被测要素在空间的方向和位置。

通常，定向公差项目只要单一基准，定位公差项目中的同轴度、对称度，其基准可以是单一基准，也可以是组合基准。对于位置度，采用三基面较为常见。

任务十　未注公差值的形位公差

一、未注公差值的基本概念

标准中给出的未注公差值为各类工厂常用设备能保证的一般精度(设备精度应符合精度标准要求)。

一般情况下，当要素的公差值小于未注公差值时，才需要在图样上用公差框格给出形位公差要求；当要求的公差值大于未注公差值时，一般仍采用未注公差值，不需要用框格表示。未注公差值只有当对工厂带来经济效益时才需注出。

采用未注公差值时一般不需要检查，只有在仲裁时才需要检查。有时为了了解设备精度，也可以对批量生产的零件通过首检或抽检了解其未注形位公差值的大小。

图样中大部分要素的形位公差是未注公差值。如果零件的形位误差超出了未注公差值，则在一般情况下不必拒收，只有影响了零件的功能时才需要拒收。

二、未注公差值的标注

在图样上采用未注公差值时，应在图样的标题栏附近或在技术要求中标出未注公差的等级及标准编号，如 GB/T 1184—K、GB/T 1184—H 等，也可在企业标准中作统一规定。

在同一张图样中，未注公差值应采用同一个等级。

三、形位公差例解

在图样上给出形位公差要求后，必须根据形位公差框格中的标注内容、指引线箭头和基准符号的位置以及相关符号，才可知道形位公差标注的含义和要求。作为设计者应能根据零件的功能要求，给定被测要素的形位公差，确定基准要素，且标注形式必须符合国家标准规定。作为生产操作者应能看懂图样上的形位公差特征项目、被测要素和基准要素、公差值大小以及相关要求。现结合实例对图样上给定的形位公差要求分别予以解释。

1. 圆盘(见图4-62)

(1) 孔φ45P7轴线的直线度误差不得大于 0.006 mm，Ⓜ表示最大实体要求。

(2) 轴φ100h6 任意正截面圆度误差不得大于 0.007 mm。

(3) 轴φ100h6 轴线对孔φ45P7 轴线的同轴度误差不得大于 0.009 mm。

(4) 尺寸 40 的左端面对右端面的平行度误差不得大于 0.01 mm。

(5) 尺寸 40 的左端面对孔φ45P7的轴线垂直度误差不得大于 0.012 mm。

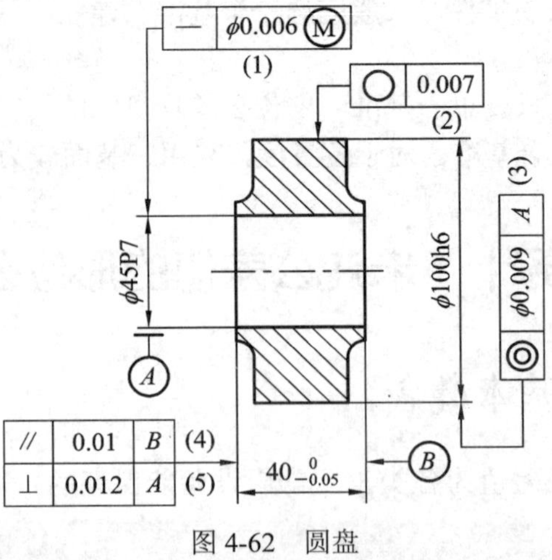

图 4-62　圆盘

2. 曲轴(见图 4-63)

(1) 键槽两侧中心面对零件左端圆锥轴的轴线对称度误差不得大于 0.025 mm。

(2) 左端圆锥轴的任意正截面对 2×ϕ80k7 的公共轴线的圆跳动误差不得大于 0.015 mm。

(3) 圆柱轴的圆柱度误差不得大于 0.01 mm。

(4) ϕ90m7 的轴线对 2×ϕ80k7 的公共轴线的平行度误差不得大于 0.02 mm。

(5) ϕ80k7 圆柱轴任意正截面对两端中心孔公共轴线的径向圆跳动误差不得大于 0.023mm。

(6) ϕ80k7 圆柱轴的圆柱度误差不大于 0.006 mm。

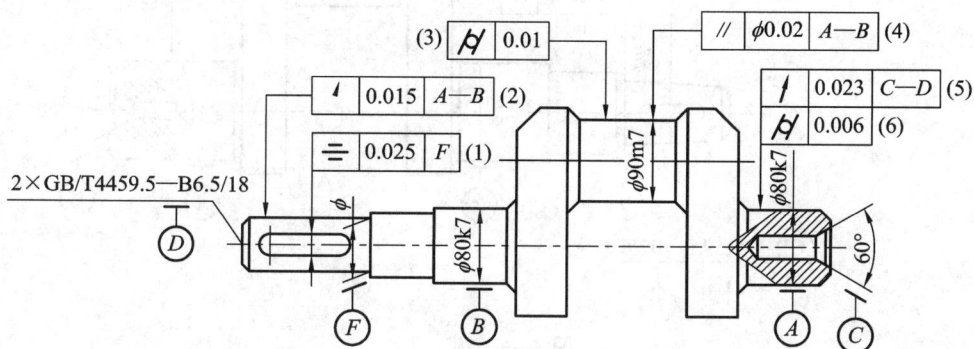

图 4-63 曲轴

思 考 题

1. 试将下列各项形位公差要求标注在图 4-64 上。

(1)ϕ100h8 圆柱面对ϕ40H7 孔轴线的圆跳动公差为 0.018 mm。

(2)ϕ40H7 孔遵守包容原则，圆柱度公差为 0.007 mm。

(3) 左、右两凸台端面对ϕ40H7 孔轴线的圆跳动公差均为 0.012 mm。

(4) 轮毂键槽对ϕ40H7 孔轴线的对称度公差为 0.02 mm。

2. 试将下列各项形位公差要求标注在图 4-65 上。

(1) 2×ϕd 轴线对其公共轴线的同轴度公差均为 0.02 mm 。

(2) ϕD 轴线对 2×ϕd 公共轴线的垂直度公差为 0.01：100。

(3) ϕD 轴线对 2×ϕd 公共轴线的对称度公差为 0.02 mm。

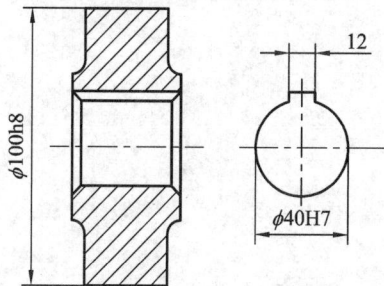

图 4-64 题 1 图

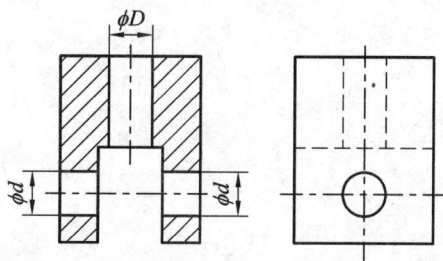

图 4-65 题 2 图

3. 解释图 4-66 中形位公差的含义。

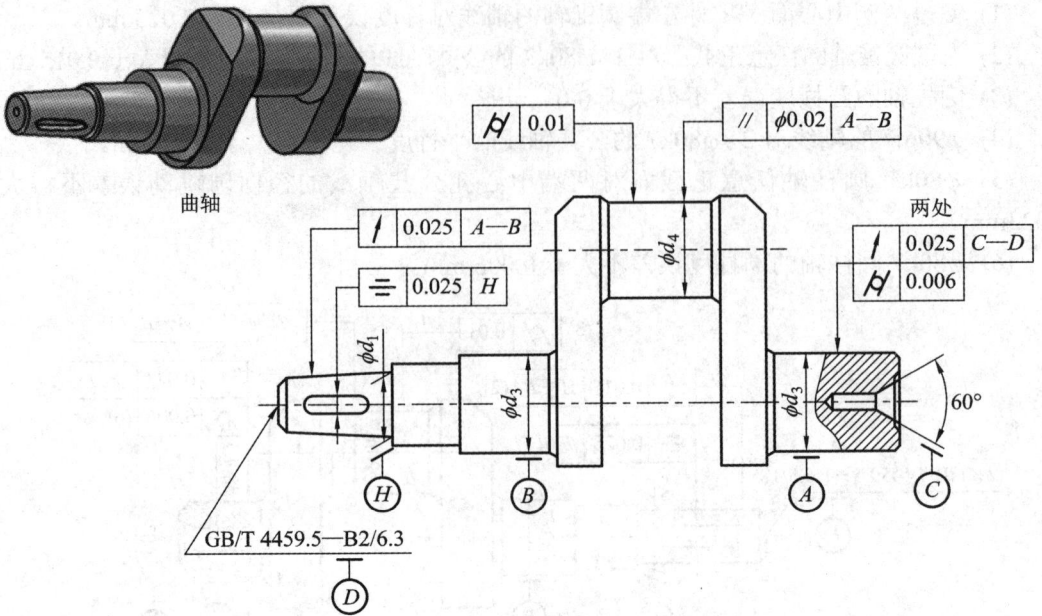

曲轴

图 4-66 题 3 图

项目五　光滑极限量规设计

【任务引入】

　　游标卡尺、千分尺等都属于通用量具，用于测量零件的几何尺寸，多用于单件和小批生产的零件。但是，如图 5-1 所示，当成批或大量生产时，由于零件是按照公差配合满足互换性要求的，因此如果还选用通用量具对生产的零件逐件测量，则会大幅度增加零件的生产周期。那么有没有一种专业量具，既可以解决测量精度的问题又可以节省测量时间呢？

图 5-1　互换性原则组织生产的轴类件

【任务思考】

　　俗话说："没有规矩不成方圆。"做任何事都要有一定的规矩、规则，否则无法成功。这句话强调了一种为人之道，做人如此，做零件亦然。如果我们加工出来的零件不能保证尺寸合格有效，那么也就不能保证在装配和使用的过程中完美地起到作用。为了保障孔或轴类常用零件符合公差要求，我们经常选用一种方便、快捷、有效的测量工具——光滑极限量规。

任务一 了解光滑极限量规

光滑极限量规的定义

一、光滑极限量规

光滑极限量规是被检验工件为光滑孔或光滑轴所用的极限量规的总称，简称量规，如图 5-2 所示。在大批量生产时，当孔、轴采用包容要求原则时，为了提高产品质量和检验效率，需要采用光滑极限量规来检验。

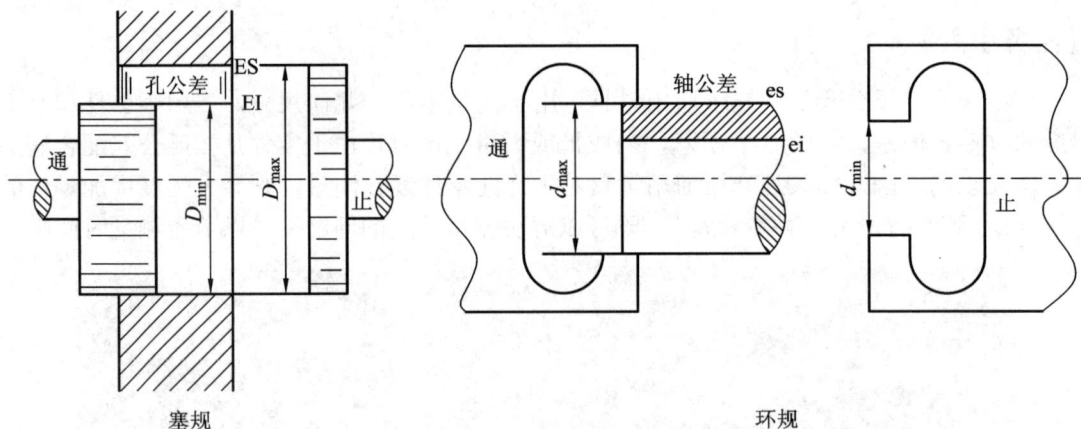

图 5-2 光滑极限量规

量规结构简单、使用方便、省时可靠，并能保证互换性。因此，量规在机械制造中得到了广泛的应用。我国参照 ISO 标准制定了 GB/T 3177—2009《产品几何技术规范(GPS) 光滑工件尺寸的检验》标准，国家标准 GB/T 1957—2006《光滑极限量规 技术条件》中规定，光滑极限量规(plain limit gauge)是具有孔或轴的最大极限尺寸和最小极限尺寸为公称尺寸的标准测量面，能反映控制被检孔或轴边界条件的无刻线长度测量器具。

二、光滑极限量规的作用

光滑极限量规是一种无刻度定值专用量具，用它来检验工件时，只能判断工件是否在允许的极限尺寸范围内，而不能测出工件的实际尺寸。当图样上被测要素的尺寸公差和形位公差按独立原则标注时，一般使用通用计量器具分别测量。当单一要素的孔和轴采用包容要求标注时，应使用量规来检验，把尺寸误差和形状误差都控制在尺寸公差范围内。

塞规(plug gauge)是用于孔径检验的光滑极限量规，其测量面为外圆柱面。其中，圆柱直径具有被检孔径最小极限尺寸的为孔用通规，具有被检孔径最大极限尺寸的为孔用止规。环规(ring gauge)是用于轴径检验的光滑极限量规，其测量面为内圆环面。其中，圆环直径具有被检轴径最大极限尺寸的为轴用通规，具有被检轴最小极限尺寸的为轴用止规。塞规和环规统称为量规，塞规和环规又分别有通规和止规之分，通常成对使用。通规控制作用尺寸，止规控制实际尺寸。

塞规的通规按被测孔的最大实体尺寸(D_{min})制造，塞规的止规按被测孔的最小实体尺寸(D_{max})制造。检验孔时，塞规的通规应通过被检验的孔，表示被测孔径大于最小极限尺寸。塞规的止规应不能通过被检验的孔，表示被测孔径小于最大极限尺寸，即说明孔的实际尺寸在规定的极限尺寸范围内，被检验的孔是合格的。

环规的通规按被测轴的最大实体尺寸(d_{max})制造，环规的止规按被测轴的最小实体尺寸(d_{min})制造。检验轴时，环规的通规应通过被检验的轴，表示被测轴径小于最大极限尺寸。环规的止规应不能通过被检验的轴，表示被测轴径大于最小极限尺寸，即说明轴的实际尺寸在规定的极限尺寸范围内，被检验的轴是合格的。

通规用来模拟体现被测孔或轴的最大实体边界，检验孔或轴的实际轮廓(实际尺寸和形状误差的结合结果)是否超出最大实体边界，即检验孔或轴的体外作用尺寸是否超出最大实体尺寸。止规用来检验被测孔或轴的实际尺寸是否超出最小实际尺寸。

综上所述，量规的通规用于控制工件的作用尺寸，止规用于控制工件的实际尺寸。用量规检验工件时，其合格标志是通规能通过，止规不能通过；反之，即为不合格品。因此，用量规检验工件时，通规和止规必须成对使用，才能判断被测孔或轴的尺寸是否在规定的极限尺寸范围内。

光滑极限量规的分类

三、光滑极限量规的分类

量规按其用途不同分为工作量规、验收量规和校对量规。光滑极限量规的符号及说明规定和光滑极限量规的代号及使用规定分别如表 5-1 和表 5-2 所示。

表 5-1　光滑极限量规的符号及说明规定

符号	说　　明
T_1	工作量规尺寸公差
Z_1	通端工作量规尺寸公差带的中心线至工件最大实体尺寸之间的距离
T_p	用于工作环规的校对塞规的尺寸公差

表 5-2　光滑极限量规的代号和使用规则

名称	代号	使用规则
"校通-通"塞规	TT	"校通-通"塞规的整个长度都应该进入新制的通端工作环规孔内，而且应在孔的全长上进行检验
"校通-损"塞规	TS	"校通-损"塞规不应该进入完全磨损的校对工作环规孔内，如有可能，应在孔的两端进行检验
"校止-通"塞规	ZT	"校止-通"塞规的整个长度都应该进入制造的通端工作环规孔内，而且应在孔的全长上进行检验
通端工作环规	T	通端工作环的整个长度都应该进入孔内，而且应在孔的全长上进行检验
止端工作环规	Z	止端工作环不能通过孔内，如有可能，应在孔的两端进行检验；且沿着和环绕不少于四个位置上进行检验

1. 工作量规

工作量规是生产过程中操作者检验工件时所使用的量规。通规用代号"T"表示，止规用代号"Z"表示。

2. 验收量规

验收量规是验收工件时检验人员或用户代表所使用的量规。验收量规一般不需要另外制造，它是从磨损较多，但未超过磨损极限的工作量规中挑选出来的。验收量规的止规应接近工件的最小实体尺寸，这样，对于操作者用工作量规自检合格的工件，当检验员用验收量规验收时也一定合格，从而保证了零件的合格率。

3. 校对量规

校对量规是检验工作量规的量规。因为孔用工作量规便于用精密量仪测量，所以国家标准未规定校对量规，只对轴用量规规定了校对量规。

四、量规公差带

因为量规是一种精密的检验工具，其制造精度要求比被检验工件更高，在制造时也不可避免地会产生误差，所以必须对量规规定制造公差。

由于通规在使用过程中经常通过工件，因此会逐渐磨损。为了使通规具有一定的使用寿命，应留出适当的磨损余量，因此应对通规规定磨损极限，即将通规公差带从最大实体尺寸向工件公差带内缩一个距离。而止规通常不通过工件，所以不需要留磨损余量，故将止规公差带放在工件公差带内，紧靠最小实体尺寸处。校对量规也不需要留磨损余量。

1. 工作量规的公差带

国家标准 GB/T 1957—2006《光滑极限量规 技术条件》规定量规的公差带不得超越工件的公差带，这样有利于防止误收，从而保证产品的质量与互换性。该标准实质上缩小了工件公差范围，提高了工件的制造精度，故有时会把一些合格的工件检验成不合格。量规尺寸公差带及其位置如图 5-3 所示。

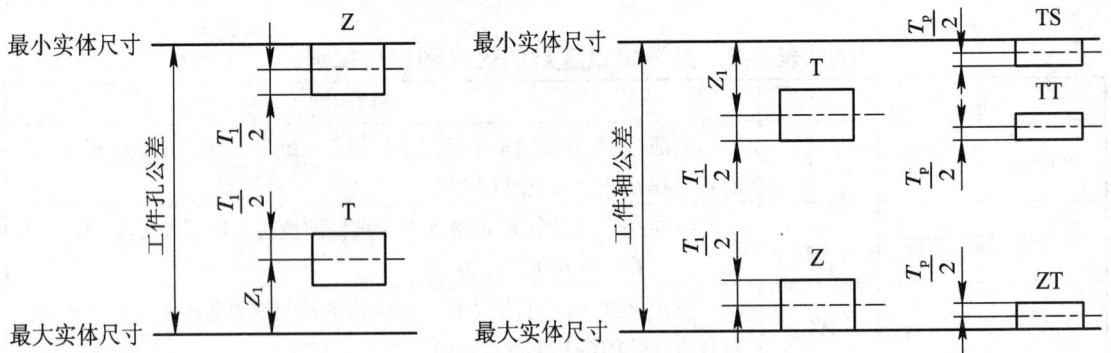

图 5-3 量规尺寸公差带及其位置

最新的国家标准规定，工作量规的尺寸公差值及其通端位置要素值应按表 5-3 的规定设计。

表 5-3 工作量规的尺寸公差值及其通端位置要素值(摘自 GB/T 1957—2006)

工件孔或轴的基本尺寸/mm		工件孔或轴的公差等级								
		IT6			IT7			IT8		
		孔或轴的公差值	T_1	Z_1	孔或轴的公差值	T_1	Z_1	孔或轴的公差值	T_1	Z_1
大于	至	μm								
—	3	6	1.0	1.0	10	1.2	1.6	14	1.6	2.0
3	6	8	1.2	1.4	12	1.4	2.0	18	2.0	2.6
6	10	9	1.4	1.6	15	1.8	2.4	22	2.4	3.2
10	18	11	1.6	2.0	18	2.0	2.8	27	2.8	4.0
18	30	13	2.0	2.4	21	2.4	3.4	33	3.4	5.0
30	50	16	2.4	2.8	25	3.0	4.0	39	4.0	6.0
50	80	19	2.8	3.4	30	3.6	4.6	46	4.6	7.0
80	120	22	3.2	3.8	35	4.2	5.4	54	5.4	8.0
120	180	25	3.8	4.4	40	4.8	6.0	63	6.0	9.0
180	250	29	4.4	5.0	46	5.4	7.0	72	7.0	10.0
250	315	32	4.8	5.6	52	3.0	8.0	81	8.0	11.0
315	400	36	5.4	6.2	57	7.0	9.0	89	9.0	12.0
400	500	40	6.0	7.0	63	8.0	10.0	97	10.0	14.0

工件孔或轴的基本尺寸/mm		工件孔或轴的公差等级								
		IT9			IT10			IT11		
		孔或轴的公差值	T_1	Z_1	孔或轴的公差值	T_1	Z_1	孔或轴的公差值	T_1	Z_1
大于	至	μm								
—	3	25	2.0	3	40	2.4	4	60	3	6
3	6	30	2.4	4	48	3.0	5	75	4	8
6	10	36	2.8	5	58	3.6	6	90	5	9
10	18	43	3.4	6	70	4.0	8	110	6	11
18	30	52	4.0	7	84	5.0	9	130	7	13
30	50	63	5.0	8	100	6.0	11	160	8	16
50	80	74	6.0	9	120	7.0	13	190	9	19
80	120	87	7.0	10	140	8.0	15	220	10	22
120	180	100	8.0	12	160	9.0	18	250	12	25
180	250	115	9.0	14	185	10.0	20	290	14	29
250	315	130	10.0	16	210	12.0	22	320	16	32
315	400	140	11.0	18	230	14.0	25	360	18	36
400	500	155	12.0	20	250	16.0	28	400	20	40

工件孔或轴的基本尺寸/mm		工件孔或轴的公差等级								
		IT12			IT13			IT14		
		孔或轴的公差值	T_1	Z_1	孔或轴的公差值	T_1	Z_1	孔或轴的公差值	T_1	Z_1
大于	至	μm								
—	3	100	4	9	140	6	14	250	9	20
3	6	120	5	11	180	7	16	300	11	25
6	10	150	6	13	220	8	20	360	13	30
10	18	180	7	15	270	10	24	430	15	35
18	30	210	8	18	330	12	28	520	18	40
30	50	250	10	22	390	14	34	620	22	50
50	80	300	12	26	460	16	40	740	26	60
80	120	350	14	30	540	20	46	870	30	70
120	180	400	16	35	630	22	52	1000	35	80
180	250	460	18	40	720	26	60	1150	40	90
250	315	520	20	45	810	28	66	1300	45	100
315	400	570	22	50	890	32	74	1400	50	110
400	500	630	24	55	970	36	80	1550	55	120

工件孔或轴的基本尺寸/mm		工件孔或轴的公差等级					
		IT15			IT16		
		孔或轴的公差值	T_1	Z_1	孔或轴的公差值	T_1	Z_1
大于	至	μm					
—	3	400	14	30	600	20	40
3	6	480	16	35	750	25	50
6	10	580	20	40	900	30	60
10	18	700	24	50	1100	35	75
18	30	840	28	60	1300	40	90
30	50	1000	34	75	1600	50	110
50	80	1200	40	90	1900	60	130
80	120	1400	46	100	2200	70	150
120	180	1600	52	120	2500	80	180
180	250	1850	60	130	2900	90	200
250	315	2100	66	150	3200	100	220
315	400	2300	74	170	3600	110	250
400	500	2500	80	190	4000	120	280

量规的形状和位置误差应在其尺寸公差带内，且其公差为量规尺寸公差的 **50%**。即当量规尺寸公差小于或等于 0.002 mm 时，其形状和位置公差为 0.001 mm。

任务二　工作量规设计

工作量规的设计就是根据工件图样上的要求，设计出能够把工件尺寸控制在允许公差范围内的适用的量具。量规设计包括选择量规结构形式、确定量规结构尺寸、计算量规工作尺寸以及绘制量规工作图。

一、量规的设计原则

设计量规应遵守泰勒原则(极限尺寸判断原则)，泰勒原则是指遵守包容要求的单一要素孔或轴的实际尺寸和形状误差综合形成的体外作用尺寸不允许超出最大实体尺寸，在孔或轴的任何位置上的实际尺寸不允许超出最小实体尺寸。符合泰勒原则的量规要求如下。

1. 量规尺寸要求

量规的基本尺寸按如下方法确定：通规的基本尺寸应等于工件的最大实体尺寸(MMS)；止规的基本尺寸应等于工件的最小实体尺寸(LMS)。

2. 量规的形状要求

由于通规是用来控制工件的作用尺寸的，而作用尺寸是受零件的形状误差影响的，因此为了符合泰勒原则，通规的测量面应是与孔或轴形状相同的完整表面(即全形量规)，且测量长度等于配合长度，通规表面与被测件应是面接触。由于止规是用来控制工件的实际尺寸的，而实际尺寸不应受零件的形状误差影响，因此止规的测量面应是点状的(即不全形量规)，且测量长度也可以短些，止规表面与被测件是点接触。

用符合泰勒原则的量规检验工件时，若通规能通过而止规不能通过，则表示工件合格；反之，表示工件不合格。

量规形式对检验结果的影响如图 5-4 所示，由图可知，孔的实际轮廓已经超出尺寸公差带，应为废品。用全形量规检验时不能通过，而用两点状止规检验时，虽然沿 y 方向能通过，但沿 x 方向却不能通过。于是，该孔被正确地判断为废品。反之，若用全形止规检

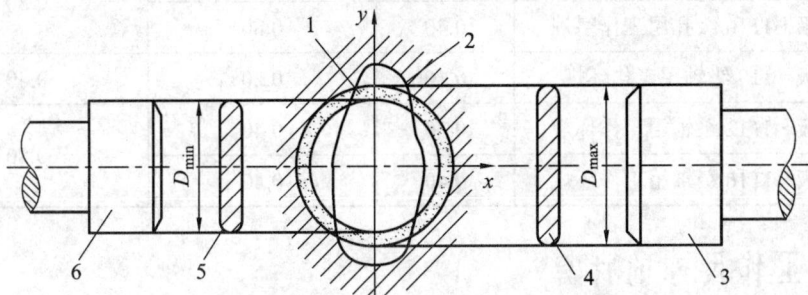

1—孔公差带；2—工件实际轮廓；3—全形塞规的止规；
4—不全形塞规的止规；5—不全形塞规的通规；6—全形塞规的通规

图 5-4　量规形式对检验结果的影响

验,则不能通过。若用两点状通规检验,则可能沿 y 方向通过。这样,由于量规的测量面形状不符合泰勒原则,因此有可能把该孔误判为合格。

在量规的实际应用中,由于量规制造和使用方面的原因,要求量规形状完全符合泰勒原则是有困难的。因此,国家标准规定,在被检验工件的形状误差不影响配合性质的条件下,可使用偏离泰勒原则的量规。例如,对于尺寸大于 100 mm 的孔,为了不使量规过于笨重,通规很少制成全形圆柱轮廓。同样,为了提高检验效率,检验大尺寸轴的通规也很少制成全形环规。此外,全形环规不能检验正在顶尖上装夹加工的零件及曲轴零件等。当采用不符合泰勒原则的量规检验工件时,应在工件的多方位上做多次检验,并从工艺上采取措施以限制工件的形状误差。

二、量规的技术要求

1. 量规材料

量规测量面的材料与硬度对量规的使用寿命有一定的影响。量规可用合金工具钢(如 CrMn、CrMnW、CrMoV)、碳素工具钢(T10A、T12A)、渗碳钢(如 15 钢、20 钢)及其他耐磨材料(如硬质合金)制造。手柄一般用 Q235 钢、LY11 铝等材料制造。量规测量面硬度为 58~65HRC,并应经过稳定性处理。

2. 表面粗糙度

量规的测量面不应有锈蚀、毛刺、黑斑、划痕等明显影响外观和使用质量的缺陷。其他表面不应有锈蚀和裂纹。量规测量表面的表面粗糙度参数如表 5-4 所示。

表 5-4　量规测量面的表面粗糙度

工作量规	工作量规的基本尺寸/mm		
	≤120	>120 或≤315	>315 或≤500
	工作量规测量面的表面粗糙度 Ra 值/μm		
IT6 级孔用工作塞规	0.05	0.10	0.20
IT7 级~IT9 级孔用工作塞规	0.10	0.20	0.40
IT10 级~IT12 级孔用工作塞规	0.20	0.40	0.80
IT13 级~IT16 级孔用工作塞规	0.40	0.80	
IT6 级~IT9 级轴用工作环规	0.10	0.20	0.40
IT10 级~IT12 级轴用工作环规	0.20	0.40	0.80
IT13 级~IT16 级轴用工作环规	0.40	0.80	

三、量规工作尺寸的计算

量规工作尺寸的计算步骤如下:

(1) 查出被检验工件的极限偏差。

(2) 查出工作量规的制造公差 T 和位置要素 Z 值，并确定量规的形位公差。

(3) 画出工件和量规的公差带图。

(4) 计算量规的极限偏差。

(5) 计算量规的极限尺寸以及磨损极限尺寸。

(6) 按量规的常用形式绘制并标注量规图样。

四、量规设计应用举例

光滑极限量规的计算

例 5-1　设计检验 $\phi30H8/f7$ 孔和轴用工作量规的工作尺寸。

解：(1) 由表 3-2 查出孔与轴的极限偏差为 ES＝+0.033mm，

EI＝0，es＝－0.020mm，ei＝－0.041mm。

(2) 由表 5-3 所示查出工作量规制造公差 T 和位置要素 Z 的值，并确定形位公差。

塞规：制造公差 $T=0.0034$ mm，位置要素 $Z=0.005$ mm，形位公差 $T/2=0.0017$ mm。

环规：制造公差 $T=0.0024$ mm，位置要素 $Z=0.0034$ mm，形位公差 $T/2=0.0012$ mm。

(3) 画出工件和量规的公差带图，如图 5-5 所示。

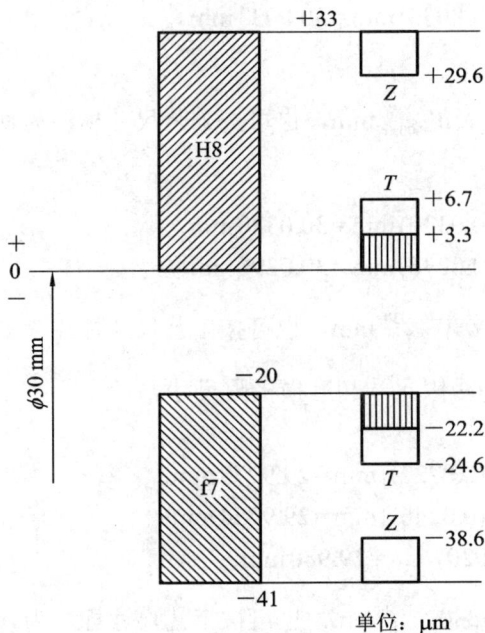

图 5-5　$\phi30H8/f7$ 孔和轴用工作量规公差带图

(4) 计算量规的极限偏差。

① $\phi30H8$ 孔用塞规：

通规(T)：

上偏差＝EI＋Z＋$T/2$＝(0＋0.005＋0.0017)mm＝+0.0067mm；

下偏差＝EI＋Z－$T/2$＝(0＋0.005－0.0017)mm＝+0.0033mm；

磨损极限＝EI＝0。

止规(Z):

上偏差 = ES = +0.033 mm；

下偏差 = ES − T = (+0.033 − 0.0034) mm = +0.0296 mm。

② $\phi30f7$ 轴用环规：

通规(T)：

上偏差 = es − Z + T/2 = (−0.020 − 0.0034 + 0.0012) mm = −0.0222 mm；

下偏差 = es − Z − T/2 = (−0.020 − 0.0034 − 0.0012) mm = −0.0246 mm；

磨损极限 = es = 0.020 mm。

止规(Z)：

上偏差 = ei + T = (−0.041 + 0.0024) mm = 0.0386 mm；

下偏差 = ei = −0.041 mm。

(5) 计算量规的极限尺寸以及磨损极限尺寸。

① $\phi30H8$ 孔用塞规的极限尺寸和磨损极限尺寸。

通规(T)：

最大极限尺寸 = (30 + 0.0067) mm = 30.0067 mm；

最小极限尺寸 = (30 + 0.0033) mm = 30.0033 mm。

磨损极限尺寸 = 30 mm。

所以，塞规的通规尺寸为 $\phi30^{+0.0067}_{+0.0033}$ mm，也可按工艺尺寸标注为 $\phi30.0067^{0}_{-0.0034}$ mm。

止规(Z)：

最大极限尺寸 = (30 + 0.0330) mm = 30.0330 mm；

最小极限尺寸 = (30 + 0.0296) mm = 30.0296 mm。

所以，塞规的止规尺寸为 $\phi30^{+0.0330}_{+0.0296}$ mm，也可按工艺尺寸标注为 $\phi30^{0}_{-0.0034}$ mm。

② $\phi30f7$ 轴用环规的极限尺寸和磨损极限尺寸。

通规(T)：

最大极限尺寸 = [30 + (0.0222)] mm = 29.9778 mm；

最小极限尺寸 = [30 + (0.0246)] mm = 29.9754 mm；

磨损极限尺寸 = (300.020) mm = 29.980 mm。

所以，环规的通规尺寸为 $\phi30^{-0.0222}_{-0.0246}$ mm，也可按工艺尺寸标注为 $\phi29.9754^{+0.0024}_{0}$ mm。

止规(Z)：

最大极限尺寸 = [30 + (0.0386)] mm = 29.9614 mm；

最小极限尺寸 = [30 + (0.041)] mm = 29.9590 mm。

所以，环规的止规尺寸为 $\phi30^{-0.0386}_{-0.0410}$ mm，也可按工艺尺寸标注为 $\phi29.959^{+0.0024}_{0}$ mm。所得计算结果列于表 5-5 中。

表 5-5　量规工作尺寸的计算结果

被检工件	量规种类		量规极限偏差/μm		量规极限尺寸/mm		通规磨损极限尺寸/mm	量规工作尺寸的标注/mm
			上偏差	下偏差	最大	最小		
孔 $\phi30H8(_0^{+0.033})$	塞规	通规(T)	+6.7	+3.3	$\phi30.0067$	$\phi30.0033$	$\phi30$	$\phi30_{+0.0033}^{+0.0067}$
		止规(Z)	+33	+29.6	$\phi30.0330$	$\phi30.0296$	—	$\phi30_{+0.0296}^{+0.0330}$
轴 $\phi30f7(_{-0.041}^{-0.020})$	环规	通规(T)	−22.2	−24.6	$\phi29.9778$	$\phi29.9754$	$\phi29.98$	$\phi30_{-0.0246}^{-0.0222}$
		止规(Z)	−38.6	−41	$\phi29.9614$	$\phi29.9590$	—	$\phi30_{-0.0410}^{-0.0386}$

　　量规的通规在使用过程中会不断磨损，塞规尺寸可以小于 30.0033 mm；环规尺寸可以大于 29.9778 mm。当其尺寸接近磨损极限尺寸时，就不能再用作工作量规，而只能转为验收量规使用，当塞规尺寸磨损到 30 mm，环规尺寸磨损到 29.980 mm 后，通规应报废。

　　(6) 按量规的常用形式绘制并标注量规图样。

　　绘制量规的工作图样就是把设计结果通过图样表示出来，从而为量规的加工制造提供技术依据。在上述设计例子中，$\phi30H8$ 孔用量规选用锥柄双头塞规，如图 5-6(a)所示；$\phi30f7$ 轴用量规选用单头双极限环规，如图 5-6(b)所示。

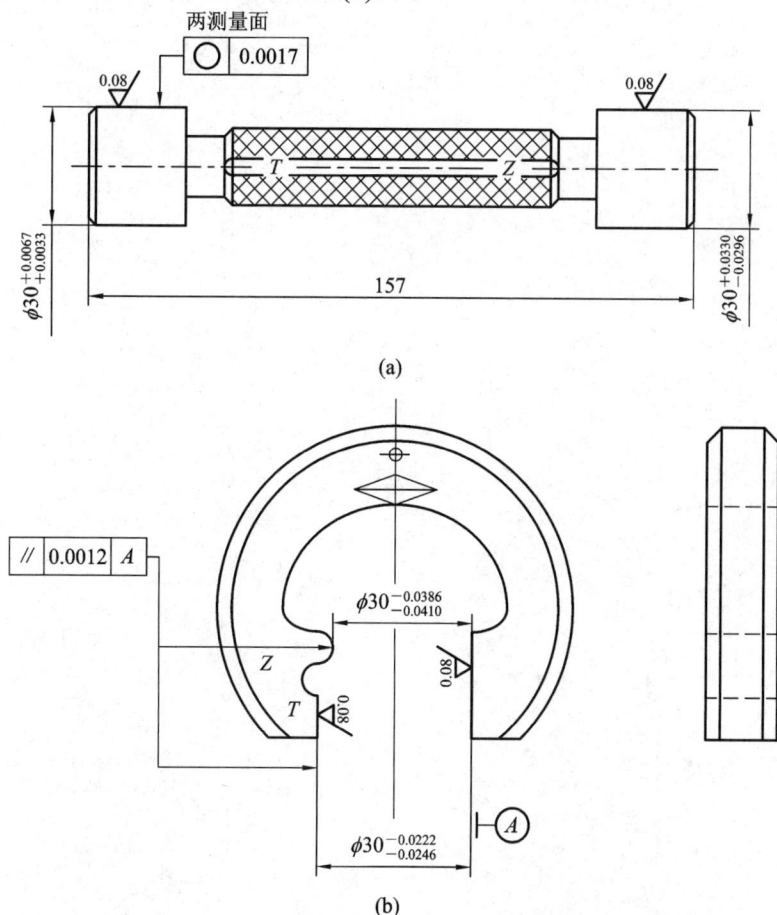

(a)

(b)

图 5-6　$\phi30H8/f7$ 工作量规工作图

思 考 题

1. 论述光滑极限量规的作用和分类。

2. 量规的通规和止规按工件的哪个实体尺寸制造？

3. 用量规检验工件时，为什么通规和止规总是成对使用？被检验工件合格的标志是什么？

项目六　表面粗糙度及检测

【任务引入】

图 6-1 所示的轴在汽车中是必不可少的一个零件，轴的表面精度要求比较高。这是因为零件表面越粗糙，凹痕越深，对应力集中越敏感，其疲劳强度就越低，越容易断裂，从而导致汽车故障甚至发生交通事故。那么什么是表面粗糙度？如何来评定和检测表面粗糙度呢？

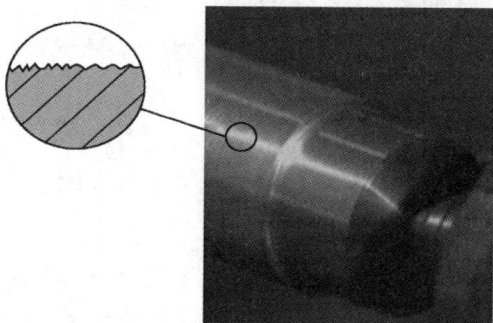

图 6-1　轴表面轮廓

【任务思考】

表面粗糙度看似微不足道，但影响重大。这就要求我们在工作中要有精益求精的工匠精神，高标准、严要求，争取在自己的工作岗位上持久发光发热，为祖国的发展添砖加瓦。高铁研磨师宁允展正是这样一位精益求精的大国工匠，由他研磨的定位臂，精度小到 0.05 mm，比头发丝还细，经他手中的转向架从来没有出过次品。

任务一　认识表面粗糙度

表面粗糙度

一、表面粗糙度的概念

对于机械加工或者其他方法获得的零件表面，微观上总会存在较小间距的峰谷痕迹，如图 6-2 所示。表面粗糙度就是表述这些峰谷高低程度和间距状况的微观几何形状特性的指标。

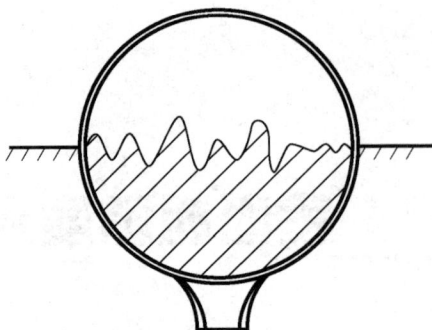

图 6-2　零件表面微观峰谷痕迹

表面粗糙度反映的是实际表面几何形状误差的微观特性，与表面波纹度和形状误差不同。表面粗糙度、表面波纹度和形状误差通常以波距(相邻两波峰或两波谷之间的距离)的大小来划分，也有按波距与波高之比来划分的。一般而言，波距小于 1 mm 的属于表面粗糙度(表面微观形状误差)；波距在 1～10 mm 的属于表面波纹度；波距大于 10 mm 的属于表面宏观形状误差。

二、表面粗糙度对零件使用性能的影响

1. 摩擦和磨损方面

表面越粗糙，摩擦阻力越大，摩擦系数就越大，零件配合表面的磨损就越快。

2. 配合性质方面

表面粗糙度影响配合性质的稳定性。对于间隙配合，粗糙的表面会因峰顶很快磨损而使间隙逐渐加大；对于过盈配合，因装配表面的峰顶被挤平，使实际有效过盈减少，连接强度降低。

3. 疲劳强度方面

表面越粗糙，一般表面微观不平的凹痕越深，交变应力作用下的应力集中就越严重，就越易造成零件因抗疲劳强度的降低而导致失效。

4. 耐腐蚀性方面

表面越粗糙，腐蚀性气体或液体越易在谷底处聚集，并通过表面微观凹谷渗入到金属内层，造成表面锈蚀。

5. 接触刚度方面

表面越粗糙，表面间接触面积就越小，致使单位面积受力增大，造成峰顶处的局部塑性变形加剧，接触刚度下降，影响机器工作精度和平稳性。

此外，表面粗糙度还影响结合面的密封性、产品的外观和表面涂层的质量等。

综上所述，为保证零件的使用性能和寿命，应对零件的表面粗糙度加以合理限制。

三、表面粗糙度国家标准

本节需了解表面粗糙度的基本术语，理解具体评定参数的含义和国家标准中规定的相应参数值的本质。

现行的国家标准有 GB/T 3505—2000《产品几何技术规(GPS) 表面结构 轮廓法 表面结构的术语、定义及参数》、GB/T 1031—2009《产品几何技术规范(GPS) 表面结构 轮廓法 表面粗糙度参数及其数值》、GB/T 131—2006《产品几何技术规范(GPS) 技术产品文件中表面结构的表示法》。上述标准与 20 世纪 80 年代的国家标准相比,技术内容上有很大变化,某些标注示例已全部重新解释。

下面就上述 3 个标准的基本要领和应用进行阐述。

(一) 基本术语

1. 实际轮廓(表面轮廓)

实际轮廓是指平面与实际表面相交所得的轮廓。按相交方向的不同,实际轮廓可分为横向实际轮廓和纵向实际轮廓。在评定表面粗糙度时,除非特别指明,通常均指横向实际轮廓,即垂直于加工纹理方向的平面与实际表面相交所得的轮廓线,如图 6-3 所示,在这条轮廓线上测得的表面粗糙度数值最大。对车、刨等加工来说,这条轮廓线反映出切削刀痕及走刀量引起的表面粗糙度。

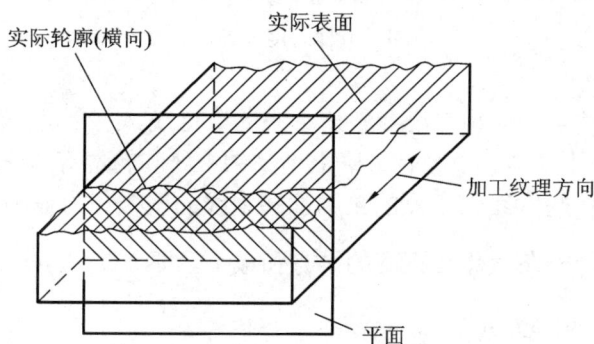

图 6-3 实际轮廓

2. 取样长度(l)

取样长度是指用于判别具有表面粗糙度特征的一段基准线长度(见图 6-4)。规定和选择取样长度是为了限制和减弱几何形状误差及表面波度对表面粗糙度测量结果的影响。取样长度 l 不能过短或过长。若取样长度过短,则不能反映待测表面粗糙度的情况;若取样长度过长,则有可能将表面波度的成分引入到表面粗糙度的结果中,使测量值增大。为了限制和削弱表面波度对表面粗糙度测量结果的影响,在测量范围内较好地反映表面粗糙度的实际情况,标准规定取样长度按表面粗糙度选取相应的数值。在取样长度范围内,一般应包含有 5 个轮廓峰和轮廓谷。

3. 评定长度(l_n)

评定长度是指评定轮廓表面粗糙度所必需的一段长度(见图 6-4)。由于被测表面的表面粗糙度具有不均匀性,在一个取样长度上往往不能合理、准确地反映某一零件表面的表面粗糙度特征,因此为了较充分、客观地反映被测表面的粗糙度,需连续取几个取样长度来评定表面粗糙度，测量后取平均值作为测量结果。一般地，取样长度与评定长度的关系满足下式：

$$l_n = 5l \qquad (6\text{-}1)$$

(a) 最小二乘中线

(b) 算数平均中线

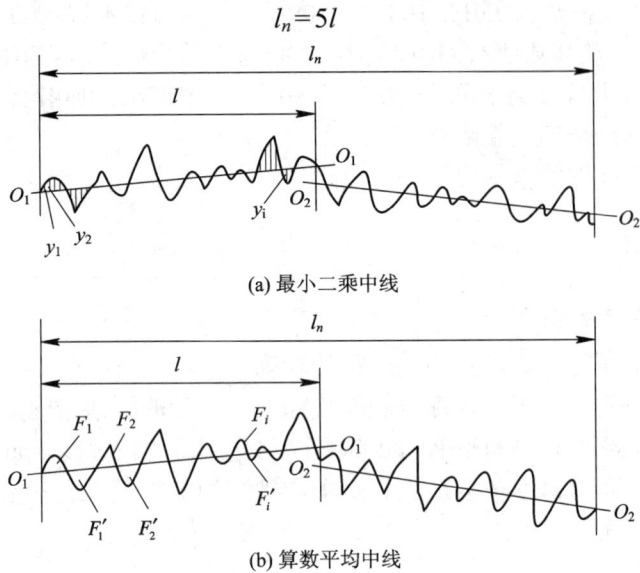

图 6-4　取样长度和评定长度

4. 基准线

基准线是指用以评定表面粗糙度参数值大小的给定线。标准规定采用中线制(即以中线为基准线)评定轮廓的计算制。中线有轮廓最小二乘中线和轮廓算术平均中线两种。

在取样长度内，使轮廓线上各点的轮廓偏离中线的平方和为最小。也就是说，在取样长度内使轮廓上各点至一条假想线距离的平方和最小，即 $\sum_{i=1}^{n} Y_i^2 = \min$。这条假想线就是轮廓最小二乘中线，简称中线(见图 6-5(a))。

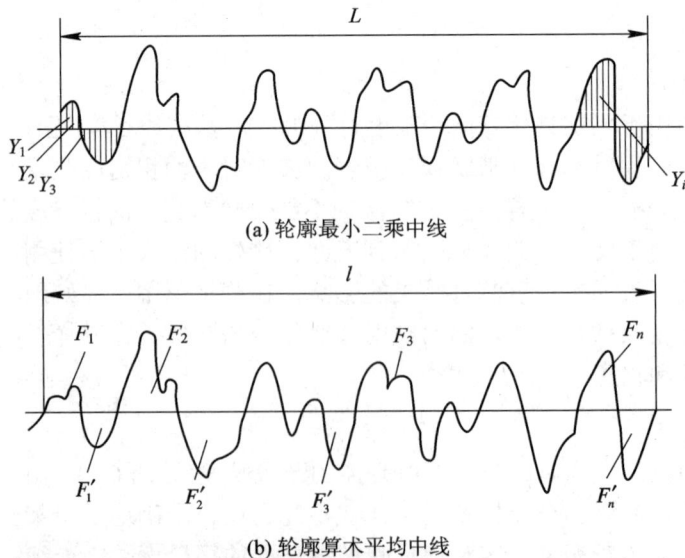

(a) 轮廓最小二乘中线

(b) 轮廓算术平均中线

图 6-5　轮廓中线

在取样长度内，由一条假想线将实际轮廓分成上下两部分，而且使上部分的面积之和等于下部分的面积之和，这条假想线就是轮廓算术平均中线(见图 6-5(b))。

标准规定，一般以轮廓最小二乘中线为基准线。由于在轮廓图形上确定最小二乘中线的位置比较困难，因此标准规定了轮廓算术平均中线，其目的是为了用图解法近似地确定轮廓最小二乘中线，即用轮廓算术平均中线代替轮廓最小二乘中线。通常轮廓算术平均中线可以用目测法来确定。

(二) 表面粗糙度的评定参数

标准规定，表面粗糙度的评定参数有高度特征参数和附加参数，可根据零件表面功能需要从中选取。

1. 高度特征参数

(1) 轮廓算术平均偏差。轮廓算术平均偏差 Ra 是指在取样长度内被测表面轮廓上各点到轮廓中线距离的绝对值的算术平均值，其数学表达式为

$$Ra = \frac{1}{l_r} \int_0^{l_r} |Z(x)| \, dx \tag{6-2}$$

式中 Z 为轮廓偏距。

表面微观轮廓的高度如图 6-6 所示。

轮廓算术平均偏差能充分反映表面微观几何形状高度方面的特性，且测量方便，因而标准推荐优先选用。轮廓算数平均偏差 Ra 的数值见表 6-1。

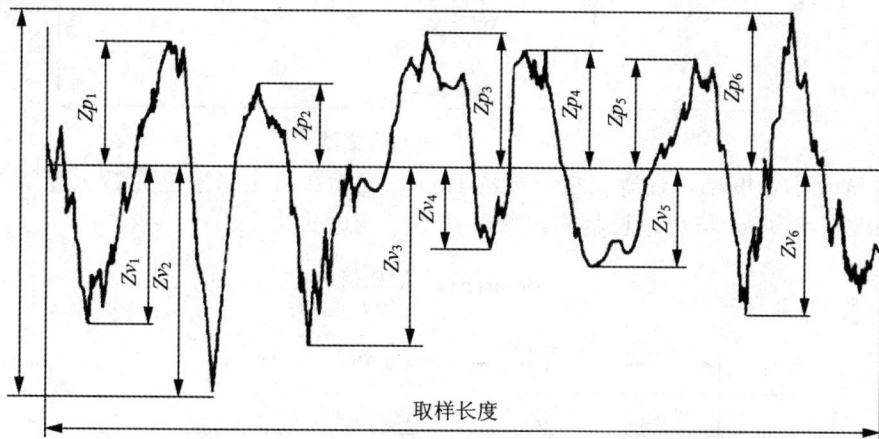

图 6-6 表面微观轮廓的高度

表 6-1 轮廓算数平均偏差 Ra 的数值

Ra	0.12	0.2	3.2	50
	0.025	0.4	6.3	100
	0.05	0.8	12.5	
	0.1	1.5	25	

(2) 轮廓最大高度。轮廓最大高度 Rz 是指在一个取样长度内，最大轮廓峰高和最大轮廓谷深之和的高度，如图 6-6 所示。轮廓最大高度 Rz 的数值见表 6-2。

表 6-2　轮廓最大高度 *Rz* 的数值

Rz	0.025	0.4	6.3	100	1600
	0.05	0.8	12.5	200	
	0.1	1.6	25	400	
	0.2	3.2	50	800	

2. 间距参数、形状特性参数——附加参数

(1) 轮廓单元的平均宽度。轮廓单元的平均宽度 Rsm 指在取样长度内，轮廓单元宽度 *xs* 的平均值，如图 6-7 所示，其数学表达式为

$$Rsm = \frac{1}{m}\sum_{i=1}^{m} xs_i \qquad (6\text{-}3)$$

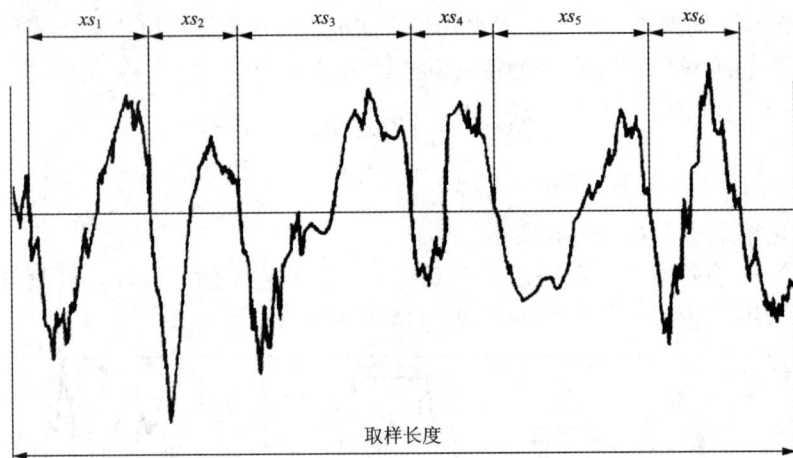

图 6-7　轮廓单元的宽度

(2) 轮廓支承长度率。轮廓支承长度率 Rmr(*c*)是指在给定水平位置 *C* 上轮廓的实体长度 *ml*(*c*)(如图 6-8 所示)与评定长度的比率，其数学表达式为

$$Rmr(c) = \frac{Ml(c)}{ln} \qquad (6\text{-}4)$$

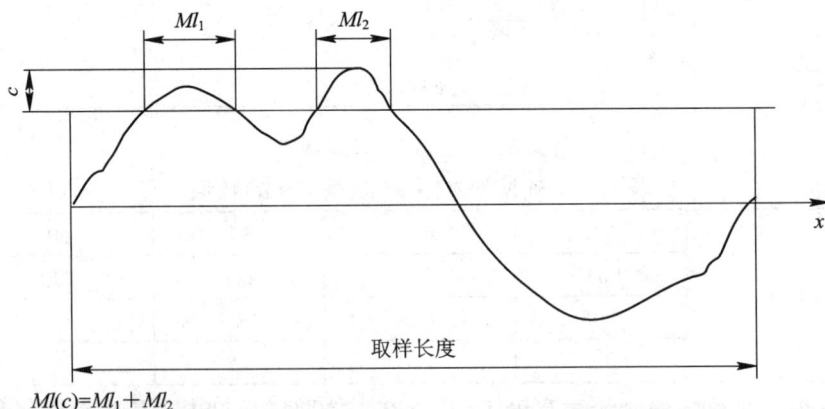

$Ml(c) = Ml_1 + Ml_2$

图 6-8　实体材料长度

轮廓支承长度率对于反映零件表示的耐磨性具有显著的功效，且比较直观。一般情况下，Rmr(c)值越大，零件表面的耐磨性越好。

在附加参数评定中，Rsm 属于间距特征参数，Rmr(c)属于形状特征参数。

四、表面粗糙度符号、代号及其标注

国家标准 GB/T 131—2006《产品几何技术规范(GPS) 技术产品文件中表面结构的表示法》规定了零件表面粗糙度符号、代号及其在图样上的标注方法。现仅就国家标准中与表面粗糙度标注有关的基本规定作简单介绍。

表面粗糙度的标注

(一) 表面粗糙度符号

表面粗糙度的符号及说明见表 6-3。

表 6-3 表面粗糙度的符号及说明

符号	说 明
√	基本符号，表示表面可以用任何方法获得。当不加注粗糙度参数值或有关说明(例如表面处理、局部热处理等)时，仅适用于简化代号标注
▽	基本符号加一短横，表示表面是用去除材料的方法获得的，例如车、铣、磨、抛光、电火花等
⌀	基本符号加小圆，表示表面是用不去除材料的方法获得的，例如铸、锻、冲压、热轧、粉末冶金等，或者使用保持原供应状态的表面
√ ▽ ⌀	在上述三个符号的长边上均可加一横线，用于标注有关参数和说明
√ ▽ ⌀	在上述三个符号的长边上均可加一小圆，表示所有表面具有相同的表面粗糙度要求

(二) 表面粗糙度代号

在表面粗糙度符号的基础上，标注出表面粗糙度数值及其有关的规定项目后，就组成了表面粗糙度代号。表面粗糙度符号画法如图 6-9 所示，表面粗糙度特征的标注位置如图 6-10 所示。

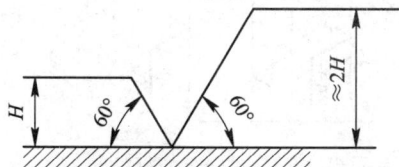

a—注写第一个表面粗糙度的单一要求(μm)，该要求不能省略；
b—注写第二个(或多个)表面粗糙度要求；
c—注写加工方法；
d—注写表面纹理和方向；
e—注写加工余量

图 6-9 表面粗糙度符号画法

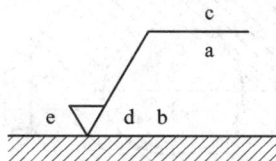

图 6-10 表面粗糙度特征的标注位置

表面粗糙度部分代号及含义解释如表 6-4 所示。

表 6-4　表面粗糙度部分代号及含义/解释

符号	含义/解释
$\sqrt{}$ $Rz\ 0.4$	表示不允许去除材料，单向上限值，默认传输带，轮廓最大高度为 0.4 μm，评定长度为 5 个取样长度，"16 规则"
$\sqrt{}$ $Rz_{max}\ 0.2$	表示去除材料，单向上限值，默认传输带，轮廓最大高度为 0.2 μm，评定长度为 5 个取样长度，"最大规则"
$\sqrt{}$ $0.008-0.8/Ra\ 3.2$	表示去除材料，单向上限值，默认传输带 0.008~0.8，算数平均偏差为 3.2 μm，评定长度包含 5 个取样长度，"16 规则"
$\sqrt{}$ $-0.8/Ra\ 3.2$	表示去除材料，单向上限值，默认传输带，算数平均偏差为 3.2 μm，评定长度包含 3 个取样长度，"16 规则"
$\sqrt{}$ U $Ra_{max}\ 3.2$ L $Ra\ 0.8$	表示不允许去除材料，双向上限值，两极限均使用默认传输带，上限值：算数平均数为 3.2 μm，评定长度为 5 个取样长度，"最大规则"；下限值：算数平均数为 0.8 μm，评定长度为 5 个取样长度，"16 规则"
$\sqrt{}$ $0.8-25/W\,z3\ 10$	表示去除材料，单向上限值，传输带 0.8~25，波纹度最大高度为 10 μm，评定长度包含 3 个取样长度，"16 规则"

(三) 表面粗糙度符(代)号在图样上的标注

表面粗糙度符(代)号在图样上一般应标注在可见轮廓线上，也可标注在尺寸界线或其延长线上。符号的尖端应垂直指向被加工表面。图 6-11 是表面粗糙度代号在零件不同位置表面上的标注方法。图 6-12 是表面粗糙度在图样上的标注示例。常见的零件表面粗糙度的标注示例及表面粗糙度的简化注法示例可参考图 6-13～图 6-17。

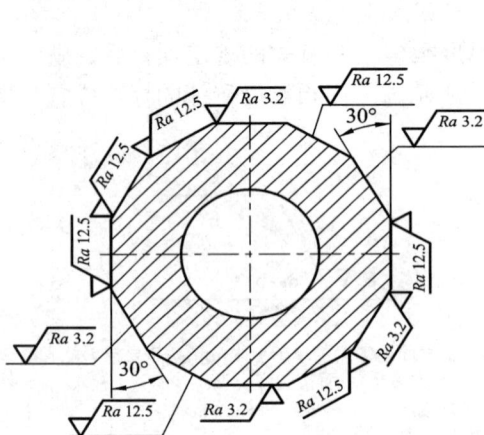

图 6-11　表面粗糙度代号注法

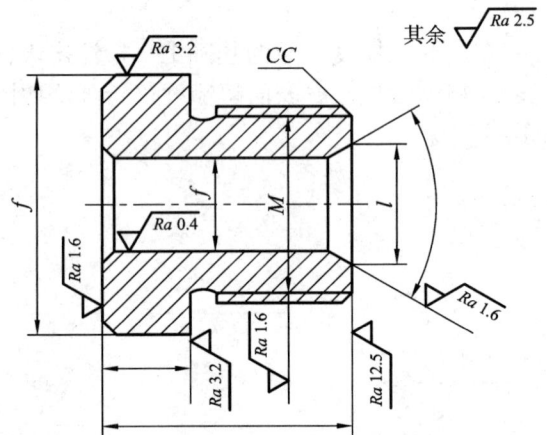

图 6-12　表面粗糙度在图样上的标注示例

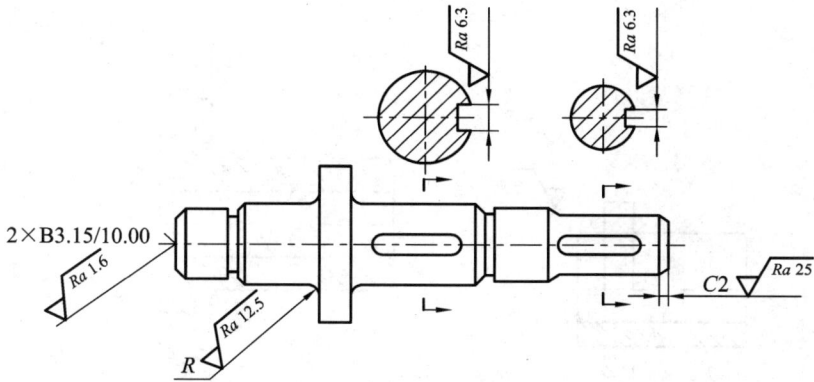

图 6-13 中心孔、键槽、圆角、倒角的表面粗糙度代号的简化注法

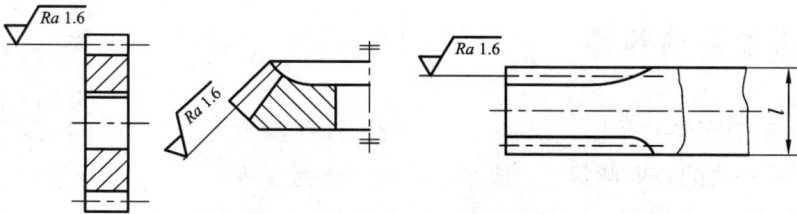

图 6-14 齿轮、花键的表面粗糙度注法

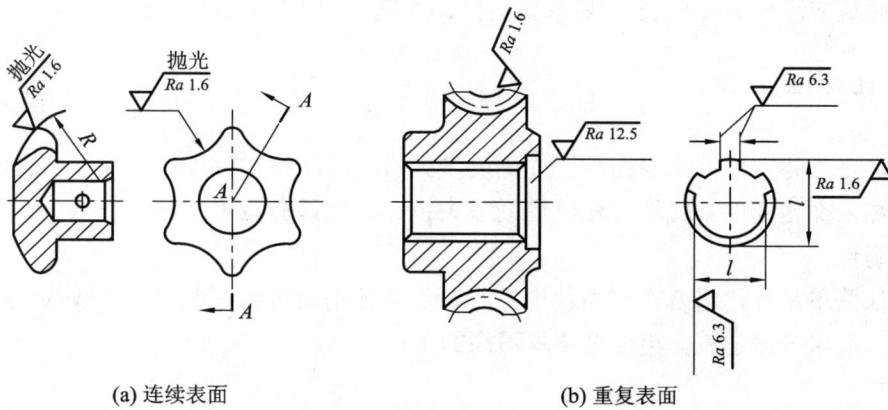

(a) 连续表面   (b) 重复表面

图 6-15 连续表面及重复表面的表面粗糙度注法

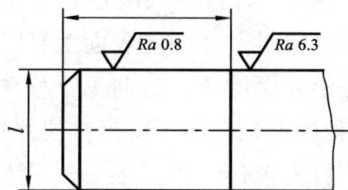

图 6-16 同一表面粗糙度要求不同的注法

(a) 零件所有表面粗糙度要求相同时的注法　　　　(b) 简化或省略注法

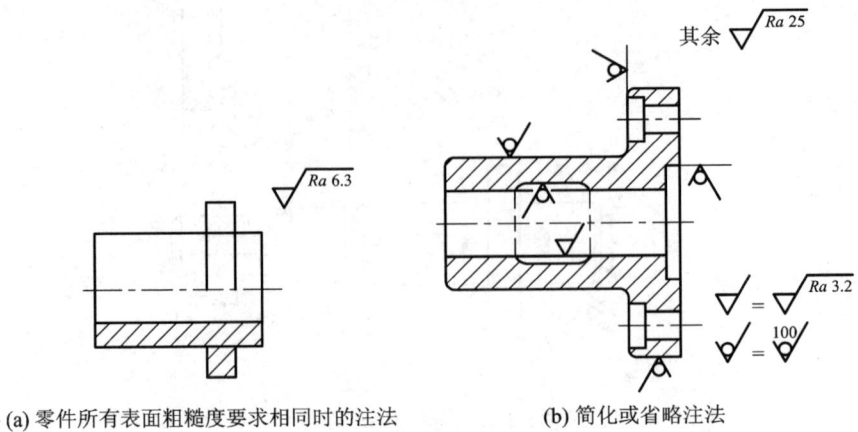

图 6-17　统一和简化注法

五、表面粗糙度的检测

测量表面粗糙度参数值时，若图标上无特别注明测量方向，则应在数值最大的方向测量。一般来说就是在垂直于表面加工纹理方向的截面上测量。对于无一定加工纹理方向的表面（如电火花、研磨等加工表面），应在几个不同的方向上测量，并取最大值为测量结果。此外，测量时还应注意不要把表面缺陷(如沟槽、气孔、划痕等)包括进去。

零件表面粗糙度的设计

(一) 比较法

比较法是指将零件被测表面与已知高度参数值的粗糙度样板进行比较，用目测或触摸来判断被测表面粗糙度。比较时还可借助放大镜、比较显微镜等工具，以减少误差，提高判断的准确性。

比较法简单易行，适合在车间使用。其缺点是评定的可靠性很大程度取决于检验人员的经验，仅适用于评定表面粗糙度要求不高的工件。

(二) 感触法

感触法(也叫针描法或轮廓法)是一种接触式测量表面粗糙度的方法。它是利用传感器端部的金刚石触针与被测表面适当接触并在被测表面上轻轻滑行。由于被测表面有微小的峰谷，因此触针在滑行的同时还沿轮廓的垂直方向上下移动，将触针移动的微小变化通过传感器转换成电信号，并经计算和放大处理便可直接在仪器指示表上得到 Ra 值或其他参数值。此类测量方法的测量范围一般为 $Ra = 0.01 \sim 5 ~\mu m$。图 6-18 为触针式轮廓检测记录仪示意图。

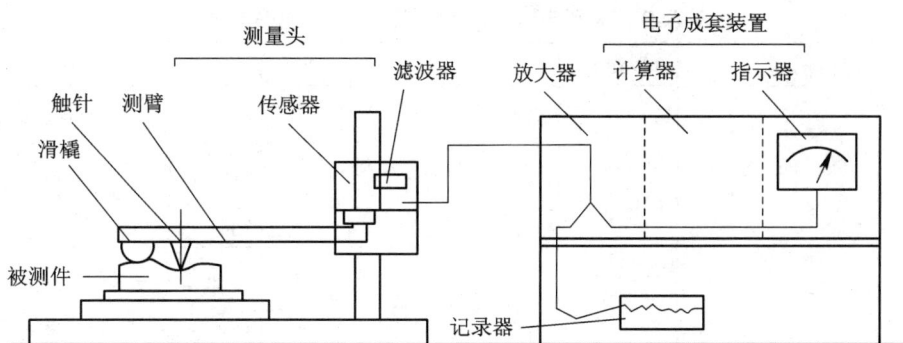

图 6-18 触针式轮廓检测记录仪示意图

任务二 零件表面粗糙度设计

一、表面粗糙度参数值的选用

表面粗糙度数值的选择一般用类比法确定。用类比法确定时，可先根据经验统计资料初步选定表面粗糙度参数值，然后再对比工作条件作适当调整。调整时应考虑以下几点：

(1) 在满足零件表面使用功能要求的情况下，尽量选用较大的表面粗糙度数值。

(2) 在同一零件上，工作面的粗糙度参数值小于非工作面的粗糙度参数值。

(3) 摩擦表面比非摩擦表面的粗糙度参数值要小，滚动摩擦表面比滑动摩擦表面的粗糙度值要小，运动速度高，单位面积压力大的摩擦表面应比运动速度低，单位面积压力小的摩擦表面的粗糙度参数值小。

(4) 对于受循环载荷的表面及易引起应力集中的结构(如圆角、沟槽等)，其表面粗糙度参数值要小。

(5) 对于配合性质要求高的结合表面、配合间隙小的配合表面及要求连接可靠且受重载的过盈配合表面，均应取较小的表面粗糙度的值。

(6) 配合性质相同时，在一般情况下，零件尺寸越小，表面粗糙度的值也小。在同一精度等级时，小尺寸比大尺寸小，轴比孔的表面粗糙度的值要小。

(7) 表面粗糙度参数值应与尺寸公差及形位公差协调。一般来说，对于尺寸公差和形位公差小的表面，其表面粗糙度的值也应小。

(8) 对于防腐性、密封性要求高，外表美观的表面，其粗糙度的值应较小。

(9) 凡有关标准对表面粗糙度要求作出规定的表面(如滚动轴承，配合的轴颈和外壳孔、键槽、各级精度齿轮的主要表面等)，应按标准确定此表面的粗糙度参数值。

表 6-5 列出了表面粗糙度参数值选用的部分资料，可供设计时参考。

表 6-5　表面粗糙度参数值选用的部分资料

表面特征		$Ra/\mu m$	加工方法	应用举例
粗糙表面	微见加工痕迹	≤20	粗车、粗刨、粗铣、锯断	半成品粗加工过的表面，非配合的加工表面，如端面、倒角、钻孔
半光表面	微见加工痕迹	≤10	车、刨、铣、镗、粗铰	轴上不安装轴承、齿轮处的非配合表面，轴和孔的退刀槽
		≤5	粗刮、滚压	半精加工表面，支架、盖面、套筒和需要发蓝处理的表面
		≤2.5	磨齿、铣齿	接近于精加工表面，箱体上安装轴承的镗孔，齿轮的工作表面
光表面	可辨加工痕迹	≤1.25	磨齿、拉、刮	圆柱销、圆锥销、普通车床导轨面，内外花键定心表面
	微可辨加工痕迹	≤0.63	精铰、磨、精镗	配合性质稳定的表面，较高精度车床的导轨面
	不可辨加工痕迹	≤0.16	研磨、超精加工	精密机床主轴锥孔，顶尖圆锥面，发动机曲轴
极光表面	暗光泽面	≤0.16	精磨	精密机床主轴轴径表面，活塞销表面
	亮光泽面	≤0.08	超精磨、超抛光	高压油泵中柱塞和柱塞套配合表面
	镜状光泽面	≤0.04		
	镜面	≤0.01	镜面磨削、超精研	高精度量仪、量块的工作表面

二、评定参数的选择

零件表面粗糙度对其零件的使用性能的影响是多方面的。因此，在选择表面粗糙度评定参数时，应能充分合理地反映表面微观几何形状的真实情况。GB/T 1031—2009《产品几何技术规范(GPS)　表面结构　轮廓法　表面粗糙度参数及其数值》规定，表面粗糙度参数应从高度特征参数 Ra、Rz 中选取，但高度特征参数不能反映被测表面的微观距和形状。因此，在主参数不能满足零件表面功能要求时才加选附加评定参数。

在幅度参数中，Ra 能充分反映表面微观几何形状高度方面的特征，且测量方便，能连续测量。国家标准推荐，在常用的参数值范围 Ra 为 0.025～6.3 μm 内，应优先选用 Ra 参数，上述参数值用电动轮廓仪即可方便测量。Rz 直观易测，用双管显微仪、干涉显微仪等即可测量，但不如 Ra 反应轮廓情况全面，往往用于小零件(测量长度较小)或表面不允许有较深加工痕迹的零件。

思 考 题

1. 什么是表面粗糙度？表面粗糙度对零件的使用性能有哪些影响？

2. 什么是取样长度？试说明取样长度与评定长度的关系。

3. 试叙述轮廓算术平均偏差的定义，并写出其表达式。

4. 评定表面粗糙度时，除高度评定参数外还有哪些附加参数？

5. 试说明表面粗糙度的最大值、最小值与上限值、下限值的意义和标注上的区别。

6. 表面粗糙度的选用一般采用什么方法？其遵循的基本原则是什么？

7. 检测表面粗糙度有哪两类方法？各用于什么场合？

项目七　螺纹结合的公差与检测

【任务引入】

建国七十多年来，我国的经济、科技、航空航天、互联网飞速发展，走完了西方国家100多年的路，实现了跨越式进步。但是我们也要清醒地认识到，在一些领域，我们与国外发达国家还存在差距。国人引以为傲的高铁在国产化的初始阶段，高铁上用的紧固螺栓大部分需要进口，螺栓的几何形状和精度对紧固功能有哪些影响呢？图7-1为高铁上用的hardlock防松螺母。

图 7-1　hardlock 防松螺母

【任务思考】

螺纹结合是机械制造中应用最广泛的一种结合形式，是机械结构中不可缺少的可拆连接。影响螺纹的性能的因素除了与螺纹的生产材质有关，主要与螺纹的牙型、螺距等参数有直接关系，这些对机器的使用性能有着重要的影响。为此，国家颁布了有关标准(GB/T 197—2018《普通螺纹　公差》)，以保证螺纹加工中的几何精度。

任务一 螺纹概述及公差

一、螺纹概述

螺纹按其牙型(通过螺纹轴线的剖面上螺纹的轮廓形状)可分为三角形螺纹、梯形螺纹、锯齿形螺纹和矩形螺纹等;按用途可分为紧固螺纹、传动螺纹。紧固螺纹中应用最广泛的是普通螺纹。本章主要介绍普通螺纹的有关标准。

(一) 普通螺纹结合的基本要求

普通螺纹在机械设备、仪器仪表中常用于连接和紧固零部件,为使其达到规定的使用功能要求,并保证螺纹结合的互换性,普通螺纹必须满足可旋合性和连接可靠性这两个基本要求。

1. 可旋合性

可旋合性是指不经任何选择和修配,且无需特别施加外力,内、外螺纹件在装配时就能在给定的轴向长度内全部旋合。

2. 连接可靠性

连接可靠性是指内、外螺纹旋合后,牙侧接触均匀,有足够的接触高度,且在长期使用中有足够可靠的连接力。

(二) 普通螺纹的基本牙型

基本牙型是指在通过螺纹轴线的剖面内,按规定的高度削去原始三角形(形成螺纹牙型的三角形)的顶部和底部后所形成的内、外螺纹共有的理论牙型,它是确定螺纹设计牙型(以基本牙型为基础并满足各种间隙和圆弧半径的牙型)的基础。由于理论牙型上的尺寸均为螺纹的基本尺寸,因此称为基本牙型。

根据国家标准 GB/T 196—2003《普通螺纹 基本尺寸》的规定,普通螺纹的基本牙型如图 7-2 所示。

(三) 普通螺纹主要几何参数的术语及定义

1. 大径(D, d)

普通螺纹的大径是指与外螺纹牙型或内螺纹牙底相切的假想圆柱的直径。对外螺纹而言,大径(见图 7-3(a))为顶径,用 d 表示;对内螺纹而言,大径(见图 7-3(b))为底径,用 D 表示。标准规定,对于普通螺纹,大径即为其公称直径。普通螺纹的公称直径已系列化,可按 GB/T 193—2003《普通螺纹 直径与螺距系列》中的有关标准选取。

2. 小径(D_1, d_1)

普通螺纹的小径是指与外螺纹牙底或外螺纹牙顶相切的假想圆柱的直径。对外螺纹而言，小径为底径，用 d_1 表示；对内螺纹而言，小径为顶径，用 D_1 表示(见图 7-2)。

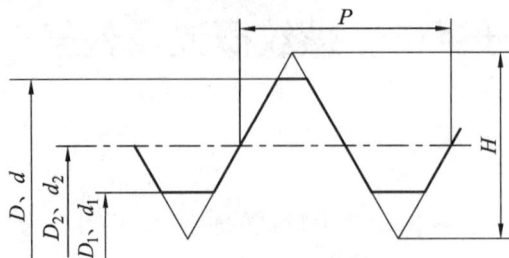

D—内螺纹大径；d—外螺纹大径；D_2—内螺纹中径；d_2—外螺纹中径；
D_1—内螺纹小径；d_1—外螺纹小径；P—螺距；H—原始三角形高度

图 7-2 普通螺纹的基本牙型

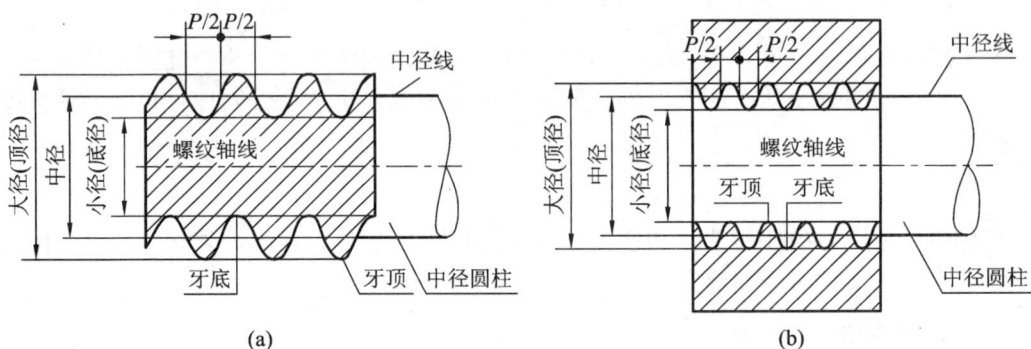

(a)   (b)

图 7-3 普通螺纹的大径、中径和小径

3. 中径(D_2，d_2)

在普通螺纹中，假想有一个圆柱，其母线通过牙型上沟槽和凸起宽度相等的地方，这个假想圆柱称为中径圆柱，其直径即为中径。内螺纹的中径用 D_2 表示，外螺纹的中径用 d_2 表示(见图 7-2)。

4. 单一中径(D_{2a}，d_{2a})

普通螺纹的单一中径是指一个假想圆柱的直径，该圆柱的母线通过牙型上沟槽宽度等于 1/2 基本螺距的地方。

当没有螺距误差时，单一中径与中径的数值相等；当有螺距误差时，单一中径与中径的数值不相等，如图 7-4 所示，图中 ΔP 为螺距误差。

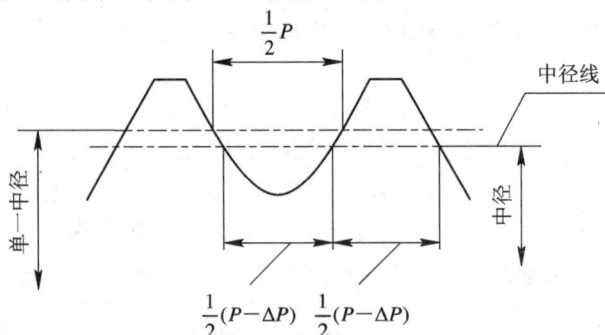

图 7-4 螺纹的单一中径

单一中径代表螺纹中径的实际尺寸,螺纹单项测量中所测得的中径尺寸一般为单一中径的尺寸。

5. 作用中径(D_{2m},d_{2m})

螺纹的作用中径是指在规定的旋合长度内,恰好包容实际螺纹的一个假想螺纹中径。这个假想螺纹具有理想的螺距、半角及牙型高度,并在牙顶处和牙底处留有间隙,以保证包容时不与实际螺纹的大、小径发生干涉(见图7-5)。

6. 螺距(P)与导程(P_h)

螺距是指相邻两牙在中径线上对应两点间的轴向距离(见图7-6)。螺距已标准化,使用时可以查看有关数据。

导程是指同一条螺旋线上相邻两牙在中径线上对应两点间的轴向距离(见图7-6)。可以这样理解导程:当螺母不动时,螺栓转一整圈,螺栓沿轴线方向移动的距离即为导程。对于单线螺纹,导程等于螺距;对于多线螺纹,导程等于螺距与螺纹线数的乘积,即

$$P_h = P \times n \tag{7-1}$$

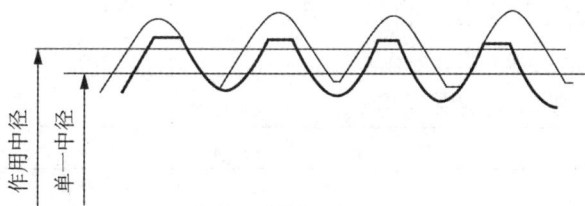

图 7-5 螺纹的作用中径

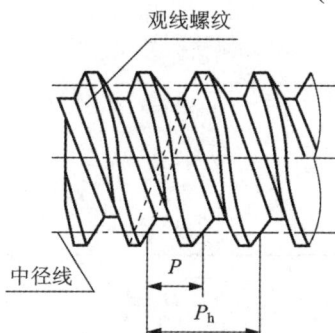

图 7-6 螺纹的螺距和导程

7. 牙型角(α)、牙型半角$\left(\dfrac{\alpha}{2}\right)$和牙侧角($\alpha_1$,$\alpha_2$)

牙型角是指在螺纹牙型上,两相邻牙侧间的夹角(见图7-7中 α)。牙型半角是牙型角的一半(见图 7-7(a)中$\dfrac{\alpha}{2}$)。牙侧角是指在螺纹牙型上,牙侧与螺纹轴线的垂线间的夹角(见图7-7(b)中 α_1 和 α_2)。

对于普通螺纹,在理论上, $\alpha=60°$, $\dfrac{\alpha}{2}=30°$, $\alpha_1=\alpha_2=30°$。

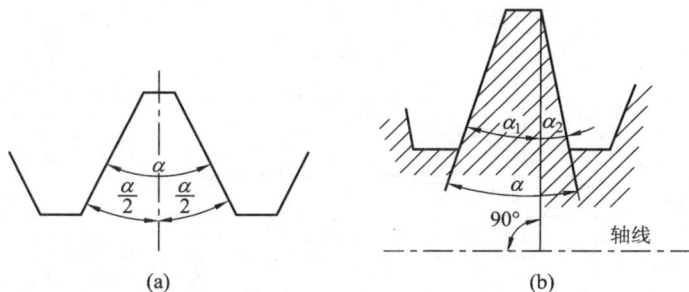

(a)

(b)

图 7-7 牙型角、牙型半角和牙侧角

8. 原始三角形高度(*H*)、牙型高度

原始三角形高度是指原始三角形顶点沿垂直轴线方向到其底边的距离。牙型高度是指在螺纹牙型上，牙型到牙底在垂直于螺纹轴线方向上的距离。

9. 螺纹旋合长度

螺纹旋合长度是指两个相互配合的螺纹沿螺纹轴线方向相互旋合部分的长度(见图7-8)。螺纹的旋合长度分短旋合长度(以 *S* 表示)、中等旋合长度(以 *N* 表示)、长旋合长度(以 *L* 表示)三种。一般使用的旋合长度是螺纹公称直径的 0.5～1.5 倍，故将此范围之内的旋合长度作为中等旋合长度，小于(或大于)这个范围的便是短(或长)旋合长度。螺纹的旋合长度见表7-1所示。

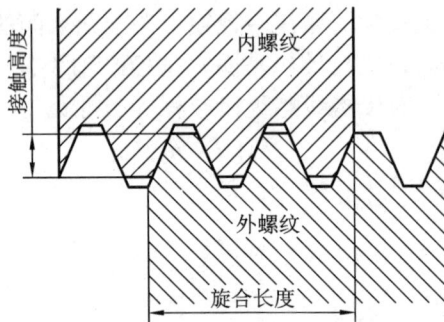

图 7-8　螺纹的接触高度和旋合长度

表 7-1　螺纹的旋合长度

公称直径 *D*、*d*		螺距 *P*	旋 合 长 度			
			S	*N*		*L*
>	≤		≤	>	≤	>
5.6	11.2	0.75	2.4	2.4	7.1	7.1
		1	3	3	9	9
		1.25	4	4	12	12
		1.5	5	5	15	15
11.2	22.4	1	3.8	3.8	11	11
		1.25	4.5	4.5	13	13
		1.5	5.6	5.6	16	16
		1.75	6	6	18	18
		2	8	8	24	24
		2.5	10	10	30	30
22.4	45	1	4	4	12	12
		1.5	6.3	6.3	19	19
		2	8.5	8.5	25	25
		3	12	12	36	36
		3.5	15	15	45	45
		4	18	18	53	53
		4.5	21	21	63	63

二、普通螺纹的公差与配合

(一) 螺纹公差标准的结构

螺纹公差制的基本结构是由公差等级系列和基本偏差系列组成的。公差等级确定公差带的大小，基本偏差确定公差带的位置，两者组合可得到各种螺纹公差带。

螺纹公差带与旋合长度组成螺纹精度等级，螺纹精度是衡量螺纹质量的综合指标，分精密、中等和粗糙三级。

螺纹公差制的结构及螺纹精度等级的组成如图 7-9 所示。

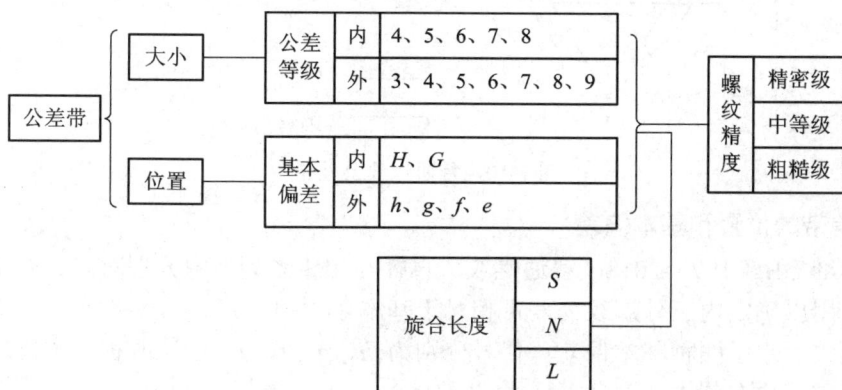

图 7-9　螺纹公差制的结构及螺纹精度等级的组成

要保证螺纹的互换性，必须对螺纹的几何精度提出要求。对于普通螺纹，国家颁布了GB/T 197—2018《普通螺纹　公差》标准，规定了供选用的螺纹公差带及具有最小保证间隙(包括最小间隙为零)的螺纹配合、旋合长度及精度等级。

对螺纹的牙型半角误差及螺距累积误差应加以控制，因为两者对螺纹的互换性有影响。但国家标准中并没有对普通螺纹的牙型半角误差和螺距累积误差分别制定极限误差或公差，而是用中径公差综合控制，即中径对于牙型半角的中径当量 $f_{\frac{\alpha}{2}}\left(F_{\frac{\alpha}{2}}\right)$、中径对于螺距累积误差的中径当量 $f_P(F_P)$ 及中径实际误差三者均应在中径公差范围内。

(二) 普通螺纹的公差带

普通螺纹的公差带由基本偏差决定其位置，公差等级决定其大小。普通螺纹的公差带是沿着螺纹的基本牙型分布的(见图 7-10)。图中 ES(es)和 EI(ei)分别为内(外)螺纹的上、下偏差，$T_D(T_d)$ 为内(外)螺纹的中径公差。由图 7-10 可知，除对内、外螺纹的中径规定了公差外，对外螺纹的顶径(大径)和内螺纹的顶径(小径)规定了公差，对外螺纹的小径规定了最大极限尺寸，对内螺纹的大径规定了最小极限尺寸，这使得有保证间隙，可避免螺纹旋合时在大径、小径处发生干涉，保证螺纹的互换性。同时对外螺纹的小径处由刀具保证圆弧过渡，以提高螺纹受力时的抗疲劳强度。

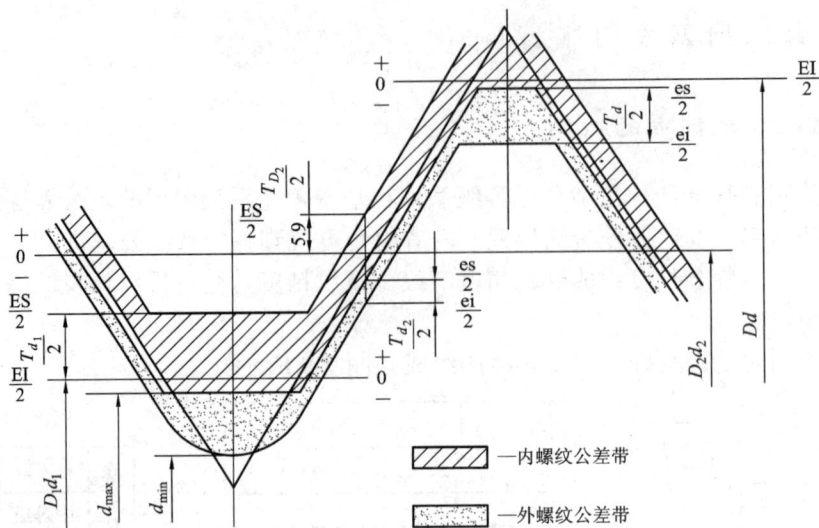

图 7-10　普通螺纹公差带

1. 公差带的位置和基本偏差

国家标准 GB/T 197—2018《普通螺纹　直径与螺距系列》中分别对内、外螺纹规定了基本偏差，用以确定内、外螺纹公差带相对于基本牙型的位置。

对外螺纹规定了四种基本偏差，代号分别为 h、g、f、e。由这四种基本偏差所决定的外螺纹的公差带均在基本牙型之下(见图 7-11(b))。

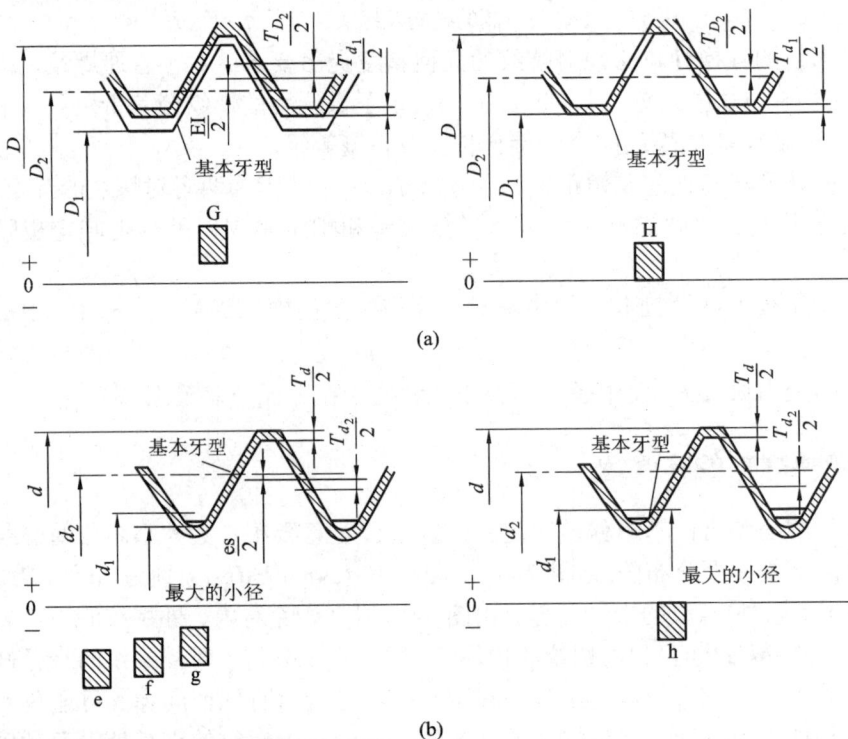

图 7-11　内、外螺纹的基本偏差

对内螺纹规定了两种基本偏差，代号分别为 H、G。由这两种基本偏差所决定的内螺纹公差带均在基本牙型之上(见图 7-11(a))。

内外螺纹基本偏差的含义和代号取自《公差与配合》标准中相对应的孔和轴，但内、外螺纹的基本偏差值由经验公式计算而来，并经过一定的处理。除 H 和 h 所对应的基本偏差值和孔、轴相同外，其余基本偏差代号所对应的基本偏差值和孔、轴均不同，与其基本螺距有关。

规定诸如 G、g、f、e 这些基本偏差，主要考虑的是应给螺纹配合留有最小保证间隙，以及为一些有表面镀涂要求的螺纹提供镀涂层余量，或为一些高温条件下工作的螺纹提供热膨胀余地。内、外螺纹的基本偏差和顶径公差见表 7-2。

表 7-2　内、外螺纹的基本偏差和顶径公差

螺距 P/mm	内螺纹(D_1、D_2)基本偏差/μm		外螺纹(d_1、d_2)基本偏差/μm				内螺纹顶径(小径)公差 T_{D_1}/μm				外螺纹顶径(大径)公差 T_{d_1}/μm		
	G	H	e	f	g	h	5	6	7	8	4	6	8
	EI	EI	es	es	es	es							
0.75	+22	0	−56	−38	−22	0	150	190	236	—	90	140	—
0.8	+24	0	−60	−38	−24	0	160	200	250	315	95	150	236
1	+26	0	−60	−40	−26	0	190	236	300	375	112	180	280
1.25	+28	0	−63	−42	−28	0	212	265	335	425	132	212	335
1.5	+32	0	−67	−45	−32	0	236	300	375	475	150	236	375
1.75	+34	0	−71	−48	−34	0	265	335	425	530	170	265	425
2	+38	0	−71	−52	−38	0	300	375	475	600	180	280	450
2.5	+42	0	−80	−58	−42	0	355	450	560	710	212	335	530
3	+48	0	−85	−63	−48	0	400	500	630	800	236	375	600

2. 公差带的大小和公差等级

国家标准规定了内、外螺纹的公差等级，它的含义和孔、轴的公差等级相似，但是螺纹有规定的系列和数值，普通螺纹公差带的大小由公差值决定。公差值除与公差等级有关外，还与基本螺距有关。考虑到内、外螺纹加工的工艺等特性，在公差等级和螺距的基本值均一样的情况下，内螺纹的公差值比外螺纹的公差值大 32%左右。螺纹的公差值是由经验公式计算而来。

普通螺纹的公差等级及内、外螺纹中径公差分别见表 7-3 和表 7-4。

表 7-3　螺纹的公差等级

内、外螺纹的公差等级			
螺纹直径	公差等级	螺纹直径	公差等级
外螺纹中径 d_2	3、4、5、6、7、8、9	内螺纹中径 D_2	4、5、6、7、8
外螺纹大径 d	4、6、8	内螺纹大径 D	4、5、6、7、8

表 7-4 内、外螺纹中径公差

公称直径 D/mm		螺距 P/mm	内螺纹中径公差 T_{D_2}/μm					外螺纹中径公差 T_{d_2}/μm						
			公差等级					公差等级						
>	≤		4	5	6	7	8	3	4	5	6	7	8	9
5.6	11.2	0.75	85	106	132	170	—	50	63	80	100	125	—	—
		1	95	118	150	190	236	56	71	90	112	140	180	224
		1.25	100	125	160	200	250	60	75	95	118	150	190	236
		1.5	112	140	180	227	280	67	85	106	132	170	212	265
11.2	22.4	1	100	125	160	200	250	60	75	95	118	150	190	236
		1.25	112	140	180	224	280	67	85	106	132	170	212	265
		1.5	118	150	190	236	300	71	90	112	140	180	224	280
		1.75	125	160	200	250	315	75	95	118	150	190	236	300
		2	132	170	212	265	335	80	100	125	160	200	250	315
		2.5	140	180	224	280	355	85	106	132	170	212	265	335
22.4	45	1	106	132	170	212	—	63	80	100	125	160	200	250
		1.5	125	160	200	250	315	75	95	118	150	190	236	300
		2	140	180	224	280	355	85	106	132	170	212	265	335
		3	170	212	265	335	425	100	125	160	200	250	315	400
		3.5	180	224	280	355	450	106	132	170	212	265	335	425
		4	190	236	300	375	475	112	140	180	224	280	355	450
		4.5	200	250	315	400	500	118	150	190	236	300	375	475

(三) 螺纹公差带和配合选用

1. 螺纹公差带的选用

螺纹的基本偏差和公差等级相组合可以组成许多公差带,给使用和选择提供了条件,但实际上并不能用这么多的公差带,一是因为这样一来,定值的量具和刃具规格必然增多,造成经济和管理的困难;二是因为有些公差在实际使用中效果不太好。因此,须对公差带进行筛选,国家标准对内、外螺纹公差带的筛选结果见表 7-5 和表 7-6。选用公差带时可参考表 7-5 中的注释。

表 7-5 国家标准推荐的内螺纹公差带

精度级别	公差带位置 G			公差带位置 H		
	S	N	L	S	N	L
精密级	—	—	—	4H	5H	6H
中等级	(5G)	6G	(7G)	*5H[2]	*6H[1]	*7H[2]
粗糙级	—	(7G)	(8G)	—	7H	8H

注:① 大量生产的精制固螺纹,推荐采用带方框的公差。

② 带*的公差带应优先选用,不带*的公差带其次选用,加括号的公差带尽量不用。

螺纹公差的写法是公差等级在前，基本偏差代号在后，这与光滑圆柱体公差带的写法不同，须注意。外螺纹的基本偏差代号是小写的，内螺纹的基本偏差代号是大写的。

表 7-5 和表 7-6 中对螺纹精度规定了三个等级，即精密级、中等级和粗糙级，它代表了螺纹的不同加工难易程度，同一级意味着相同的加工难易程度。对螺纹精度选择一般原则是：精密级用于配合性质要求稳定的场合；中等级广泛用于一般的连接螺纹，如用在一般的机械、仪器和构件中；粗糙级用于不重要的螺纹及制造困难的螺纹(如在较深盲孔中加工螺纹)，也用于使用环境较恶劣的螺纹(如建筑用螺纹)。通常使用的螺纹是中等旋合长度为 6 级公差的螺纹。

表 7-6　国家标准推荐的外螺纹公差带

精度级别	公差带位置 e			公差带位置 f			公差带位置 g			公差带位置 h		
	S	N	L	S	N	L	S	N	L	S	N	L
精密级	—	—	—	—	—	—	—	(4g)	(5g4g)	(3h4h)	*4h	(5h4h)
中等级	—	*6e	(7e6e)	—	*6f	—	(5g6g)	*6g	(7h6g)	(5h6h)	*6h	(7h6h)
粗糙级	—	(8e)	(9e8e)	—	—	—	—	8g	(9g8g)	—	—	—

2. 配合的选用

由表 7-5、表 7-6 所列的内、外螺纹公差带可以组成许多选用的配合，但从保证螺纹的使用性能和保证一定的牙型接触高度考虑，选用的配合最好的是 H/g、H/h、G/h。如为了便于装拆，提高效率，可选用 H/g 或 G/h 配合，原因是 G/h 或 H/h 配合所形成的最小极限间隙可用来对内外螺纹的旋合起引导作用。表面需要镀涂的内(外)螺纹，完工后的实际牙型也不得超过 H(h)基本偏差所限定的边界。对于单件小批生产的螺纹，宜选用 H/h 配合。

(四) 螺纹在图样上的标记

1. 单个螺纹的标记

螺纹的完整标记是由螺纹代号，螺纹公差带代号和旋合长度代号等组成的，三者之间用短线 "-" 隔开。螺纹公差带代号包括中径公差带代号和顶径公差带代号，公差带代号由表示其大小的公差等级数字和表示其位置的基本偏差代号组成。当螺纹是粗牙螺纹时，螺距不写出，但对细牙螺纹仍需要标注出螺距。当螺纹为左旋时，在左旋螺纹标记位置写"LH"字样，右旋螺纹不用写。当螺纹的中径和顶径公差带相同时，合写为一个。当螺纹旋合长度为中等时，不写代号。当螺纹旋合长度需要标出具体值时，应在旋合长度代号标记位置写出具体值。在装配图上，内、外螺纹的公差带代号用斜线分开，右边为外螺纹公差带代号，左边为内螺纹公差带代号，如 M10X26H/5g6g。在螺纹公差带代号之后加注旋合长度代号 "S" 或 "L" (中等旋合长度代号 "N" 不标注)，如 MI0-5g6g-s。特殊需要时，可以标注旋合长度的数值，如 M105g6g-25，表示螺纹的旋合长度为 25 mm。在零件图上普通螺纹标注如图 7-12 所示。

M 6×0.75 - 5h 6h - S - LH

```
                              左旋螺纹
                              短旋合长度
                              顶径公差带代号
                              中径公差带代号
                              单线螺纹螺距
                              公称直径
                              螺纹代号
```

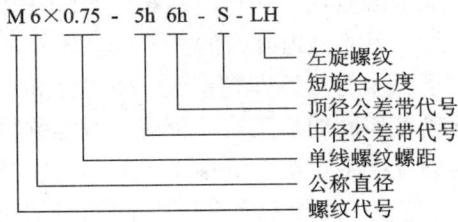

图 7-12　零件上普通螺纹标注

螺纹及标注

螺纹公差及检测

任务二　螺纹的检测

一、综合检验

螺纹进行综合检验时使用的是螺纹量规和光滑极限量规，它们都由通规(通端)和止规(止端)组成。光滑极限量规用于检验内、外螺纹顶径尺寸的合格性，螺纹量规用于检验内、外螺纹的作用中径及底径的合格性，螺纹量规的止规用于检验内、外螺纹单一中径的合格性。

螺纹量规是按极限尺寸判断原则而设计的，螺纹通规体现的是最大实体牙型边界，具有完整的牙型，并且其长度应等于被检螺纹的旋合长度，以用于正确地检验作用中径。若被检螺纹的作用中径未超过螺纹的最大实体牙型中径，且被检螺纹的底径也合格，则螺纹通规就会在旋合长度内与被检螺纹顺利旋合。螺纹量规的止规用于检验被检螺纹的单一中径。为了避免牙型半角误差及螺距累积误差对检验的影响，止规的牙型常做成截短型牙型，以使止端只在单一中径处与被检螺纹的牙侧接触，并且止端的牙扣只做出几牙。

图 7-13 为检验外螺纹的示例。先用卡规检验外螺纹顶径的合格性，再用螺纹量规(检验外螺纹的称为螺纹环视)的通端检验外螺纹的作用中径和底径，若外螺纹的作用中径合格，且底径(外螺纹小径)没有大于其最大极限尺寸，则通端应能在旋合长度内与被检螺纹旋合。若被检螺纹的单一中径合格，则螺纹环视的止端不通过被检螺纹，但允许旋进最多2～3牙。

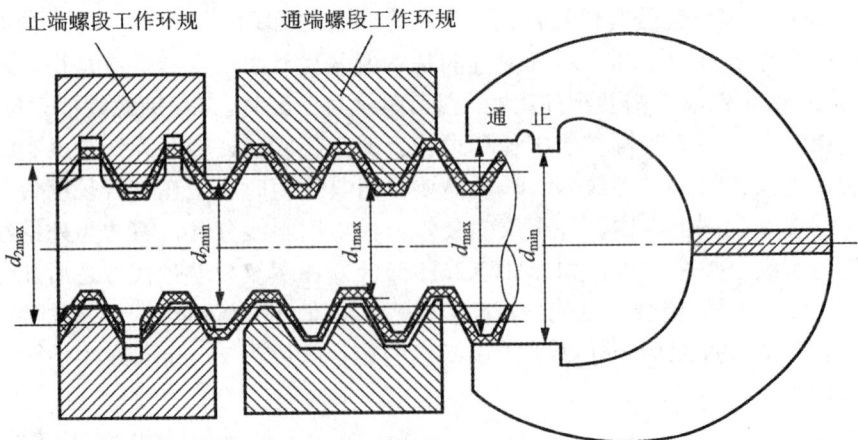

图 7-13　外螺纹的综合检验

图 7-14 为检验内螺纹的示例。先用光滑极限量规(塞规)检验内螺纹顶径的合格性,再用螺纹量规(螺纹塞规)的通端检验内螺纹的作用中径和底径,若内螺纹的作用中径合格且内螺纹的大径不小于其最小极限尺寸,则通端应能在旋合长度内与内螺纹旋和。若内螺纹的单一中径合格,则螺纹塞规的止端就不通过内螺纹,但允许旋合最多2~3牙。

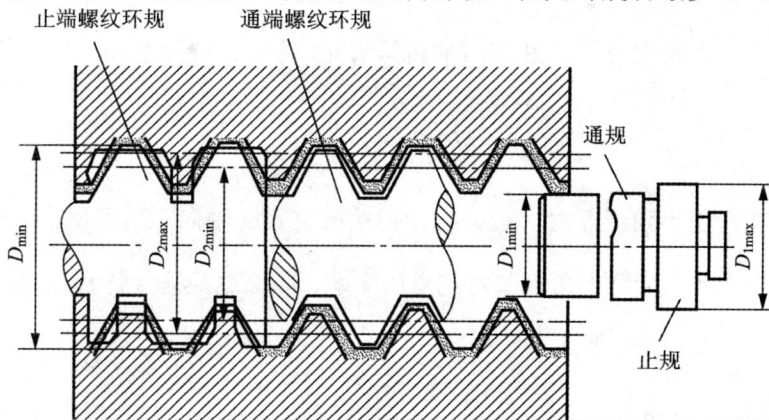

图 7-14 内螺纹的综合检验

二、单项测量

1. 用量针测量

用量针测量螺纹中径的方法有单针法测量和三针法测量。单针法测量常用于大直径螺纹的中径测量(见图 7-15)。这里主要介绍三针法测量。

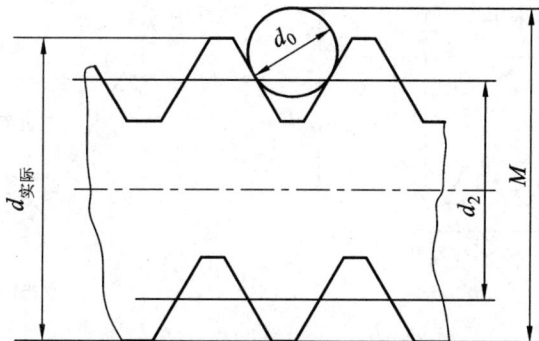

图 7-15 大直径螺纹的中径测量

量针测量具有精度高、方法简单的特点。三针法测量螺纹中径的示意图见图 7-16。根据被测螺纹的螺距选择合适的量针直径,按图示位置放在被测螺纹的牙槽内,并夹在两测头之间。合适直径的量针是指量针与牙槽接触点的轴间距离正好在基本螺距一半处,即三针法测量的是螺纹的单一中径。从仪器上读得值后,再根据螺纹的螺距 P、牙型半角 $\frac{\alpha}{2}$ 及量针的直径 d_0 按下式(推导过程略)算出所测出的单一中径 d_{2s},即

$$d_{2S} = M - d_0\left(1 + \frac{1}{\sin\frac{\alpha}{2}}\right) + \frac{P}{2}\cot\frac{\alpha}{2} \qquad (7\text{-}2)$$

对于米制普通三角形螺纹，其牙型半角 $\frac{\alpha}{2}=30°$，代入式(7-2)得

$$d_{2S} = M - 3d + \frac{\sqrt{3}}{2}P \qquad (7\text{-}3)$$

当螺纹存在牙型半角误差时，量针与牙槽接触位置的轴向距离便不在 $\frac{P}{2}$ 处，这就造成了测量误差。为了减少牙型半角误差对测量的影响，应选取最佳量针直径 $d_{0(最佳)}$。由图 7-16 可知：

$$d_{0(最佳)} = -\frac{1}{\sqrt{3}}P \qquad (7\text{-}4)$$

所以最后计算公式化简为

$$d_{2S} = M - \frac{3}{2}d_{0(最佳)} \qquad (7\text{-}5)$$

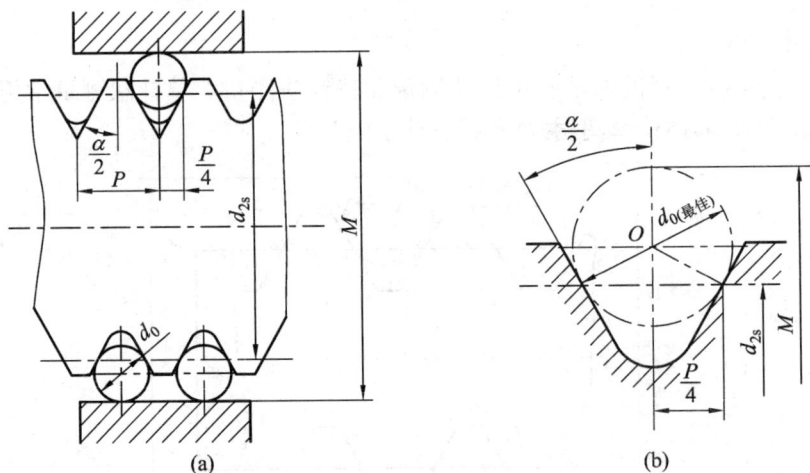

图 7-16　三针法测量螺纹中径

2. 用工具显微镜测量螺纹各参数

用工具显微镜测量属于影像法测量，该方法能测量螺纹的各种参数，如测量螺纹的大径、中径、小径螺距，牙型半角等几何参数。

图 7-17 为大型工具显微镜，其中底座用以支撑量仪整体；圆工作台用于放置工件，工作台中央是一个透明玻璃板，以使该玻璃板下的光线能透射上来，在目镜视场内形成被测工件的轮廓影像，工作台可实现横向、纵向、转位移动，并能读出其位移值；光学放大镜组用于把工件轮廓影像放大并送至目镜视场以供测量；角度目镜用于测量角度值；立柱用于安装光学放大镜组及相关部件。

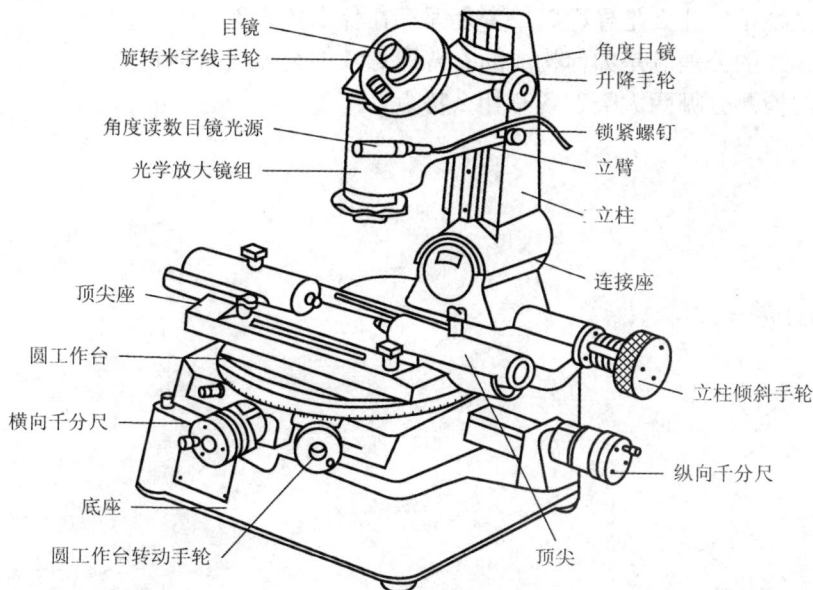

图 7-17 大型工具显微镜

现以测量螺纹牙型半角为例，简单介绍一下用工具显微镜测量螺纹几何参数的过程。

先将被测工件顶在工具显微镜上的两顶尖间，接通电源后根据被测螺纹的中径尺寸调好合适的光栅直径，转动手轮，使立柱向一边倾斜一个被测螺纹的螺旋角，转动目镜上的调整螺钉，使目镜视场的米字线清晰，松开螺钉，转动升降手轮，使目镜视场内被测螺纹的牙型轮廓变得清晰，再旋紧螺钉。当角度目镜中的示值为 0° 0′ 时，表示米字线中间虚线 A—A 线与牙型轮廓影像的一个侧面相靠(见图 7-18)，此时角度读数目镜中的示值即为该侧的牙型半角值。

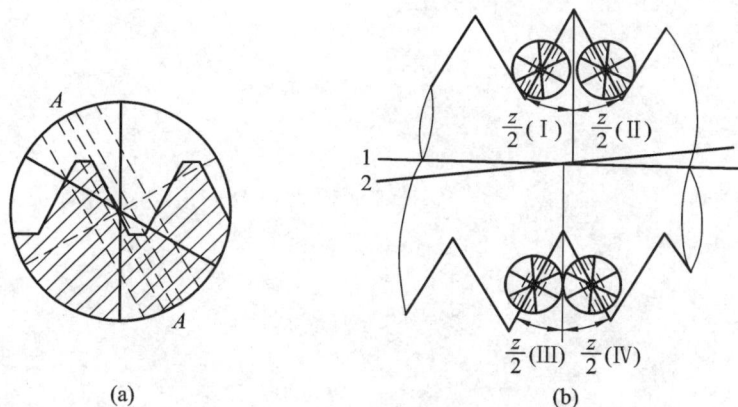

图 7-18 螺纹牙型半角的测量

思 考 题

1. 普通螺纹结合的基本要求是什么？

2. 什么是螺距？什么是导程？二者之间存在什么关系？

3. 普通螺纹的公差制是如何构成的？普通螺纹的公差带有何特点？

4. 螺纹的检测分哪两大类？各有什么特点？

项目八　圆锥的公差配合及测量

【任务引入】

2021年6月17日9时22分,搭载神舟十二号载人飞船的长征二号F遥十二运载火箭,在酒泉卫星发射中心点火发射。此后,神舟十二号载人飞船与火箭成功分离,进入预定轨道,顺利将聂海胜、刘伯明、汤洪波3名航天员送入太空,飞行乘组状态良好,发射取得圆满成功。神舟十二与天和核心舱模拟对接如图8-1所示。神舟十二号载人飞船入轨后顺利完成入轨状态设置,采用自主快速交会对接模式成功对接于天和核心舱前向端口,与此前已对接的天舟二号货运飞船一起构成三舱(船)组合体,整个交会对接过程历时约6.5小时。这是天和核心舱发射入轨后,首次与载人飞船进行的交会对接。在激动的同时,我们会发现在神舟十二与天和核心舱对接部位有很多锥状结构的部件,这些锥形结构对太空中的"穿针引线"有什么作用?

图8-1　神舟十二与天和核心舱模拟对接

【任务思考】

圆锥配合是机械设备中常用的典型结构,也是航天器对接应用中的典型结构之一。圆锥配合与圆柱配合相比,具有较高精度的同轴度,配合间隙或过盈的大小可以自由调整,能利用自锁性来传递扭矩以及良好的密封性等优点。但是,圆锥配合在结构上比较复杂,影响其互换性的参数较多,加工和检测也较困难。因此,为了满足圆锥配合的使用要求,保证圆锥配合的互换性,我国发布了GB/T 11334—2005《产品几何量技术规范(GPS)圆锥公差》、GB 157—2001《产品几何量技术规范(GPS)　圆锥的锥度与锥角系列》、GB/T 15754—1995《技术制图　圆锥的尺寸和公差标注》等国家标准。

任务一　认识圆锥

圆锥及圆锥公差

一、基本术语及定义

(一) 圆锥的术语及定义

圆锥分为内圆锥(圆锥孔)和外圆锥(圆锥轴)两种，其主要几何参数如图 8-2 所示。

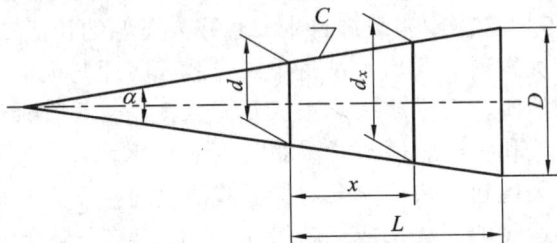

图 8-2　圆锥的主要几何参数

1. 圆锥角

圆锥角是通过圆锥轴线的截面内，两条素线间的夹角，用符号 α 表示。

2. 圆锥直径

圆锥直径是圆锥在垂直于其轴线的截面上的直径。常用的圆锥直径有最大圆锥直径 D、最小圆锥直径 d、给定截面内圆锥直径 d_x(与端面的距离为 x)。

3. 圆锥长度

圆锥长度是最大圆锥直径截面与最小圆锥直径截面之间的轴向距离，用符号 L 表示。给定截面与基准端面之间的距离用符号 L_x 表示。

在零件图样上，对圆锥只要标注一个圆锥直径(D、d 或 d_x)、圆锥角 α 和圆锥长度(L 或 L_x)，或者标注最大与最小圆锥直径 D、d 和圆锥长度 L(如图 8-2 所示)，则该圆锥就被完全确定了。

4. 锥度

锥度是两个垂直于圆锥轴线截面的圆锥直径之差与该两截面的轴向距离之比，用符号 C 表示。也就是说锥度 C 是最大圆锥直径 D 与最小圆锥直径 d 之差对圆锥长度 L 之比，即

$$C = \frac{D-d}{L} \tag{8-1}$$

锥度 C 与圆锥角 α 的关系为

$$C = 2\tan\frac{\alpha}{2} \tag{8-2}$$

锥度一般用比例或分数表示，例如 $C=1：5$ 或 $C=1/5$。

在零件图样上，锥度用特定的图形符号和比例(或分数)来标注，如图 8-3 所示。图形符号配置在平行于圆锥轴线的基准线上，并且其方向与圆锥方向一致，在基准线的上面标注锥度的数值，用指引线将基准线与圆锥素线相连。

如果在图样上标注了锥度，那么就不必标注圆锥角，两者不应重复标注。

(二)　圆锥公差的术语及定义

1. 基本圆锥

设计时给定的圆锥是一种理想圆锥。基本圆锥的确定方法如图 8-3 所示，它可以由基本圆锥直径、基本圆锥角(或基本锥度)和基本圆锥长度三个基本要素确定。

2. 实际圆锥

实际圆锥是实际存在而可以通过测量得到的圆锥，如图 8-4 所示。在实际圆锥上测量得到的直径称为实际圆锥直径，记为 d_a。在实际圆锥的任一轴截面内，分别包容圆锥上对应两条实际素线且距离最小的两对平行直线之间的夹角称为实际圆锥角，记为 α_a，在不同轴向截面内的实际圆锥角不一定相同。

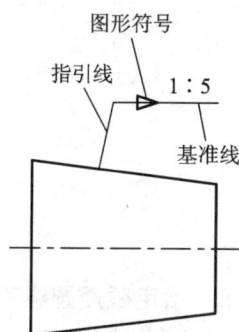

图 8-3　基本圆锥的确定方法

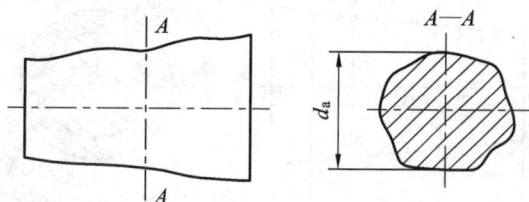

图 8-4　实际圆锥

3. 极限圆锥和极限圆锥直径

与基本圆锥共轴且圆锥角相等，直径分别为最大极限尺寸和最小极限尺寸的两个圆锥称为极限圆锥，如图 8-5 所示。

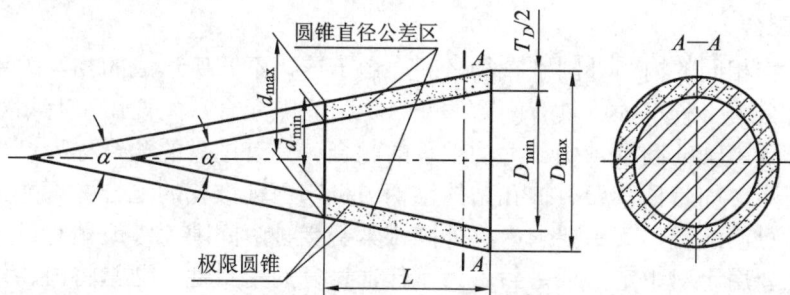

图 8-5　极限圆锥和直径公差带

在垂直于圆锥轴线的所有截面上，这两个圆锥的直径差都相等，直径为最大极限尺寸的圆锥称为最大极限圆锥，直径为最小极限尺寸的圆锥称为最小极限圆锥。垂直于圆锥轴线的截面上的直径称为极限圆锥直径，如图 8-5 中的 D_{max}、D_{min} 和 d_{max}、d_{min}。

4. 圆锥直径公差和圆锥直径公差带

圆锥直径允许的变动量称为圆锥直径公差，用符号 T_D 表示(如图 8-6 所示)，圆锥直径公差在整个圆锥长度内都适用。两个极限圆锥所限定的区域称为圆锥直径公差带。

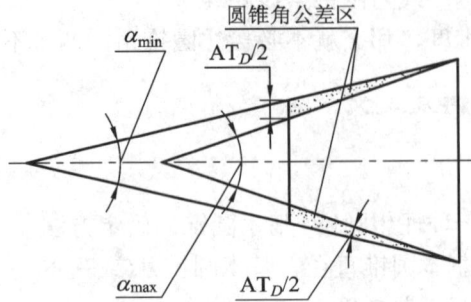

图 8-6 圆锥直径公差带

5. 给定截面圆锥直径公差和给定截面圆锥直径公差带

在垂直于圆锥轴线给定的圆锥截面内，圆锥直径的允许变动量称为给定截面圆锥直径公差，用代号 T_{DS} 表示，如图 8-7 所示，它仅适用于该给定截面。在给定圆锥截面内，两个同心圆所限定的区域称为给定截面圆锥直径公差带。

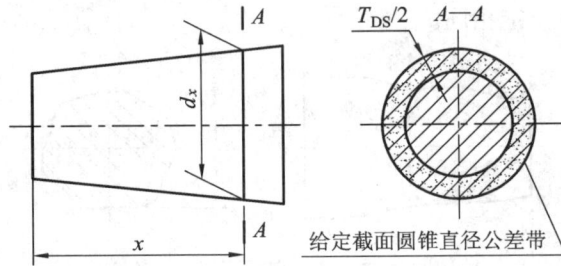

图 8-7 给定截面圆锥直径公差带

(三) 圆锥配合的术语及定义

1. 圆锥配合

在基本圆锥相同的内、外圆锥直径之间，由于连接不同所形成的相互关系称为圆锥配合。圆锥配合分为下列三种：具有间隙的配合称为间隙配合，主要用于有相对运动的圆锥配合中，如车床主轴的圆锥轴颈与滑动轴承的配合；具有过盈的配合称为过盈配合，常用于定心传递扭矩，如带柄铰刀、扩孔钻的锥柄与机床主轴锥孔的配合；可能具有间隙或过盈的配合称为过渡配合，其中要求内、外圆锥紧密接触，间隙为零或稍有过盈的配合称为紧密配合，主要用于对中定心或密封。为了保证良好的密封性，通常将内、外锥面成对研磨，此时相配合的零件无互换性。

2. 圆锥配合的形成

圆锥配合的配合特征是通过规定相互结合的内、外圆锥的轴向相对位置形成的。按确定圆锥轴向位置的不同方法，圆锥配合的形成有结构型圆锥配合和位移型圆锥配合两种方式。

（1）结构型圆锥配合：由内、外圆锥的结构或基面距(内、外圆锥基准平面之间的距离)确定它们之间最终的轴向相对位置，并因此获得指定配合性质的圆锥配合。

例如，图 8-8 所示为由内、外圆锥的轴肩接触得到的圆锥间隙配合，图 8-9 所示为由基面距形成的圆锥过盈配合。

（2）位移型圆锥配合：由内、外圆锥实际初始位置(P_a)开始，作一定的相对轴向位移(E_a)或施加一定的装配力产生轴向位移而获得的圆锥配合。

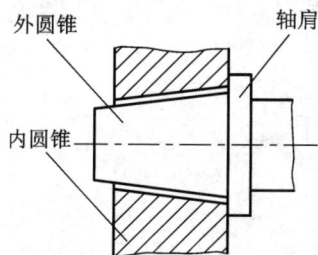

图 8-8　由内、外圆锥的轴肩接触得到结构形成的

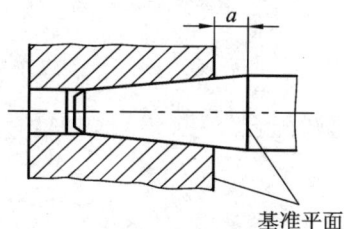

圆锥间隙配合

图 8-9　由基面距形成的圆锥过盈配合

例如，图 8-10 所示是在不受力的情况下，内、外圆锥相接触，由实际初始位置 P_a 开始，内圆锥向左作轴向位移 E_a，到达终止位置 P_f 而获得的圆锥间隙配合。图 8-11 所示为由实际初始位置 P_a 开始，对内圆锥施加一定的装配力，使内圆锥向右产生轴向位移 E_a，到达终止位置 P_f 而获得的圆锥过盈配合。

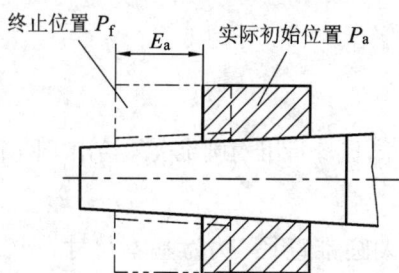

图 8-10　由轴向位移形成的圆锥间隙配合　　图 8-11　由施加装配力形成的圆锥过盈配合

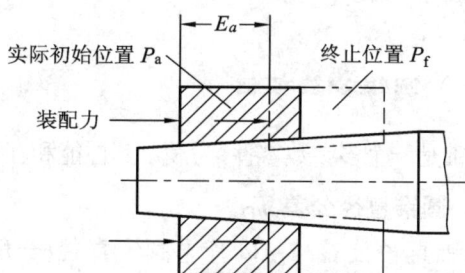

应当指出，结构型圆锥配合由内、外圆锥直径公差带决定其配合性质；位移型圆锥配合由内、外圆锥相对轴向位移(E_a)决定其配合性质。

3. 初始位置和极限初始位置

在不施加力的情况下，相互结合的内、外圆锥表面接触时的轴向位置称为初始位置。初始位置所允许的变动界限称为极限初始位置。极限初始位置有两个，其中一个为最小极限内圆锥与最大极限外圆锥接触时的位置；另一个为最大极限内圆锥与最小极限外圆锥接触时的位置。实际初始位置必须位于极限初始位置的范围内。

4. 极限轴向位移和轴向位移公差

相互结合的内、外圆锥从实际初始位置移动到终止位置的距离所允许的界限称为极限轴向位移。得到最小间隙 X_{min} 或最小过盈 Y_{min} 的轴向位移称为最小轴向位移 E_{amin}；得到最

大间隙 $X_{\max}$ 或最大过盈 $Y_{\max}$ 的轴向位移称为最大轴向位移 $E_{a\max}$。实际轴向位移应在 $E_{a\min}$ 至 $E_{a\max}$ 范围内，即

$$T_e = E_{a\max} - E_{a\min} \tag{8-3}$$

对于间隙配合

$$E_{a\min} = \frac{X_{\min}}{C} \tag{8-4}$$

$$E_{a\max} = \frac{X_{\max}}{C} \tag{8-5}$$

$$T_e = \frac{X_{\max} - X_{\min}}{C} \tag{8-6}$$

对于过盈配合

$$E_{a\min} = \frac{Y_{\min}}{C} \tag{8-7}$$

$$E_{a\max} = \frac{Y_{\max}}{C} \tag{8-8}$$

$$T_e = \frac{Y_{\max} - Y_{\min}}{C} \tag{8-9}$$

式中 C 为轴向位移折算为径向位移的系数，即锥度。

二、圆锥公差

(一) 圆锥公差项目

圆锥是一个多参数零件，为满足其性能和互换性要求，国家标准对圆锥公差给出了四个项目。

1. 圆锥直径公差 T_D

圆锥直径公差 T_D 以基本圆锥直径(一般取最大圆锥直径 D)为基本尺寸，按 GB/T 1800.2—2009《产品几何技术规范(GPS)极限与配合第 2 部分：标准公差等级和孔、轴极限偏差表》规定的标准公差选取。它的数值适用于圆锥长度范围内的所有圆锥直径。

2. 给定截面圆锥直径公差 T_{DS}

给定截面圆锥直径公差 T_{DS} 以给定截面圆锥直径 d_x 为基本尺寸，按 GB/T 11334—2005《产品几何量技术规范(GPS) 圆锥公差》规定的标准公差选取。它仅适用于给定截面的圆锥直径。

3. 圆锥角公差 AT

圆锥角公差 AT 共分为 12 个公差等级，它们分别用 AT1，AT2，…，AT12 表示，其中 AT1 的精度最高，等级依次降低，AT12 的精度最低。为了加工和检测方便，圆锥角公差可用角度值 AT_α 或线值 AT_D 给定，AT_α 与 AT_D 的换算关系为

$$AT_D = AT_\alpha \times L \times 10^3 \tag{8-10}$$

式中 AT_D、AT_α 和 L 的单位分别为 μm、μrad 和 mm。

AT4～AT12 的应用举例如下：AT4～AT6 用于高精度的圆锥量规和角度样板；AT7～AT9 用于工具圆锥、圆锥销、传递大扭矩的摩擦圆锥；AT10～AT11 用于圆锥套、圆锥齿轮等中等精度零件；AT12 用于低精度零件。

圆锥角的极限偏差可按单向取值、双向(对称或不对称)取值，如图 8-12 所示。为了保证内、外圆锥的接触均匀性，圆锥角公差带通常采用对称于基本圆锥角分布。

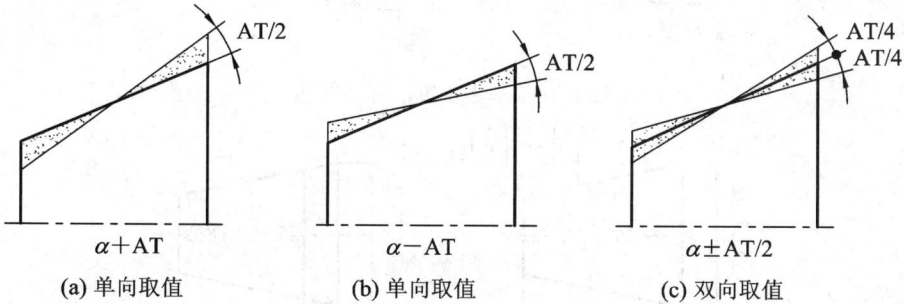

图 8-12　圆锥角的极限偏差

4. 圆锥的形状公差 T_F

圆锥的形状公差一般由圆锥直径公差带限制而不单独给出。若需要，则可以给出素线直线度公差和(或)横截面圆度公差，或者标注圆锥的面轮廓度公差。显然，面轮廓度公差不仅控制素线直线度公差和截面圆度公差，也控制圆锥角偏差。

(二) 圆锥的公差标注

对于圆锥的公差标注，应根据圆锥的功能要求和工艺特点选择公差项目。在图样上标注相配内、外圆锥的尺寸和公差时，内、外圆锥必须具有相同的基本圆锥角(或基本锥度)，标注直径公差的圆锥直径必须具有相同的基本尺寸。圆锥公差通常可以采用面轮廓度法标注(如图 8-13 所示)。对于有配合要求的结构型内、外圆锥，也可采用基本锥度法标注(如图 8-14 所示)。当无配合要求时，可采用公差锥度法标注(如图 8-15 所示)。

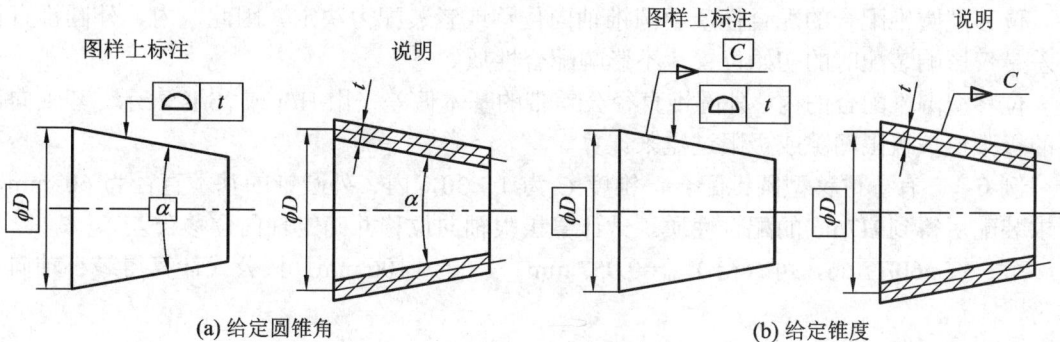

图 8-13　面轮廓度法标注实例

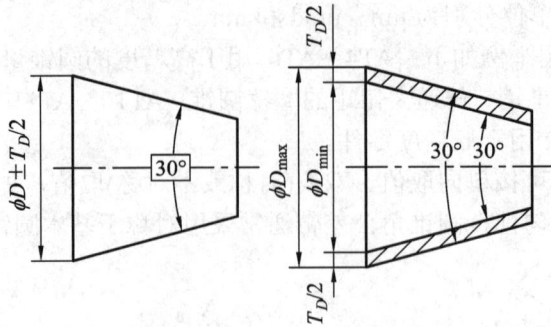

图 8-14　基本锥度法标注实例

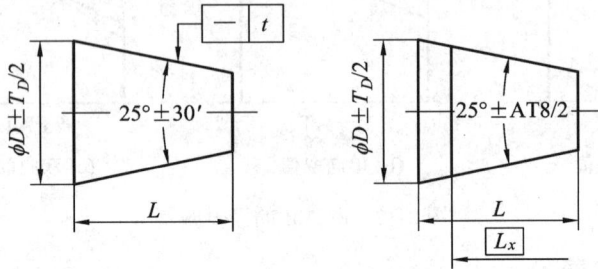

图 8-15　公差锥度法标注实例

(三)　圆锥直径公差带的选择

1.　结构型圆锥配合的内、外圆锥直径公差带的选择

结构型圆锥配合的配合性质由相互连接的内、外圆锥直径公差带之间的关系决定。内圆锥直径公差带在外圆锥直径公差带之上者为间隙配合；内圆锥直径公差带在外圆锥直径公差带之下者为过盈配合；内、外圆锥直径公差带交叠者为过渡配合。

结构型圆锥配合也分为基孔制配合和基轴制配合。为了减少定值刀具、量规的规格和数目，获得最佳技术经济效益，应优先选用基孔制配合。

2.　位移型圆锥配合的内、外圆锥直径公差带的选择

位移型圆锥配合的配合性质由圆锥轴向位移或者装配力决定。因此，内、外圆锥直径公差带仅影响装配时的初始位置，不影响配合性质。

位移型圆锥配合的内、外圆锥直径公差带的基本偏差采用 H/h 或 JS/js 表示。其轴向位移的极限值按极限间隙或极限过盈来计算。

例 6-1　有一位移型圆锥配合，锥度 C 为 1∶30，内、外圆锥的基本直径为 60 mm，要求装配后得到 H7/u6 的配合性质。试计算极限轴向位移并确定轴向位移公差。

解：按 ϕ60H7/u6，可查得 $Y_{min}=0.057$ mm，$Y_{max}=0.106$ mm。按公式计算得最小轴向位移为

$$E_{amin} = \frac{|Y_{min}|}{C} = 0.057 \text{ mm} \times 30 = 1.71 \text{ mm}$$

最大轴向位移为

$$E_{a\,max} = \frac{|Y_{max}|}{C} = 0.106 \text{ mm} \times 30 = 3.18 \text{ mm}$$

轴向位移公差为

$$T_e = E_{amax} - E_{amin} = (3.18 - 1.71)\text{ mm} = 1.47 \text{ mm}$$

(四) 圆锥的表面粗糙度

圆锥的表面粗糙度推荐值如表 8-1 所示。

表 8-1　圆锥的表面粗糙度推荐值

连接方式及粗糙度	定心连接	紧密连接	固定连接	支承轴	工具圆锥面	其他
	Ra 不大于/μm					
外表面	0.4～1.6	0.4～1.6	0.4	0.4	0.4	1.6～6.3
内表面	0.8～3.2	0.8～3.2	0.6	0.8	0.8	1.6～6.3

任务二　圆锥角和锥度的测量

测量锥度和角度的测量器具有很多，其测量方法可分为直接量法和间接量法，直接量法又可分为相对量法和绝对量法。下面分别介绍锥度和角度的常用测量器具和测量方法。

一、锥度和角度的相对量法

锥度和角度的相对量法是指用锥度或角度的定值量具与被测的锥度和角度相比较，用涂色法或光隙法估计被测锥度或角度的偏差。

在成批生产中，常用圆锥量规检验圆锥工件的锥度和基面距偏差。圆锥量规分为圆锥塞规和套规，其结构如图 8-16 所示。图 8-16(a)所示为系不带扁尾的圆锥量规，图 8-16(b)所示为系带扁尾的圆锥量规。

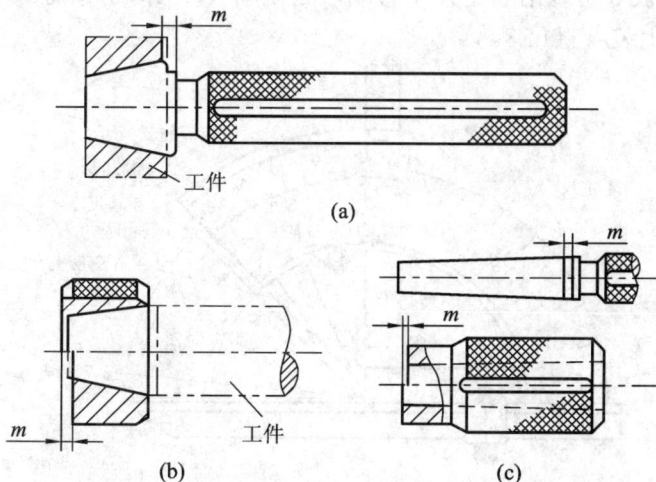

图 8-16　圆锥量规

如前所述，圆锥工件的直径偏差和角度偏差都将影响基面距变化。因此，用圆锥量规检验圆锥工件时，是按照圆锥量规相对于被检验的圆锥工件端面的轴向移动(基面距偏差)来判断是否合格的，为此在圆锥量规的大端或小端刻有两条相距为 m 的刻线或做距离为 m 值的小台阶，如图 8-16(c)所示，而 m 值等于圆锥工件的基面距公差。

由于圆锥配合时对锥角公差有更高要求，因此当用圆锥量规检验时，首先以单项检验锥度，采用涂色法，即在圆锥量规上沿素线方向薄薄涂上两三条显示剂(红丹或蓝油)，然后轻轻地和被检工件对研，转动约 1/2～1/3 转，取出圆锥量规，根据显示剂接触面积的位置和大小来判断锥角的误差。用圆锥塞规检验内圆锥时，若只有大端被擦去，则表示内圆锥的锥角小了；若小端被擦去，则说明内圆锥的锥角大了；若均匀地被擦去，则表示被检验的内圆锥锥角是正确的。其次，用圆锥量规按基面距偏差作综合检验，如图 8-17 所示。若被检验工件的最大圆锥直径处于圆锥塞规两条刻线之间，则表示被检验工件是合格的。

除圆锥量规外，对于外圆锥还可以用锥度样板(如图 8-18 所示)检验，合格的外圆锥、最小圆锥直径应处在样板上两条刻线之间，锥度的正确性利用光隙来判断。

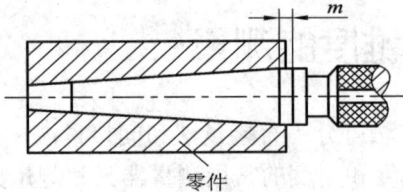

图 8-17　圆锥量规检验示意　　　　图 8-18　锥度样板

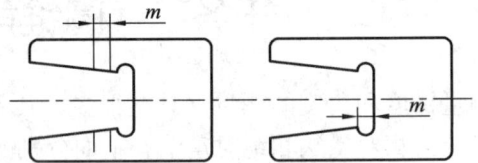

二、锥度和角度的绝对量法

锥度和角度的绝对量法是指用分度量具、量仪直接测量工件的角度，被测角度的具体数值可以从量具、量仪上读出来。

生产车间常用万能角度尺直接测量被测工件的角度。万能角度尺的类型有很多，使用最广泛的角度尺如图 8-19 所示，由图可知，万能角度尺的结构如下：基尺 5 固定在主尺 1 上，游标 3 和扇形板 6 可以沿着主尺 1 移动，用制动头 4 制动，在扇形板 6 上有卡块 7 和直角尺 2，卡尺 7 上装着直尺 8。

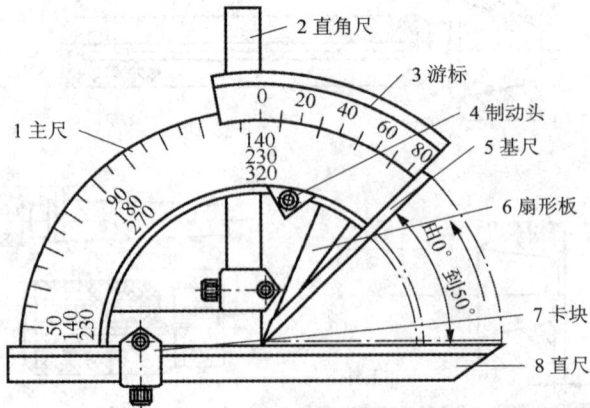

图 8-19　万能角度尺

如图 8-19 所示的万能角尺是根据游标原理制成的。在尺座上刻有基本角度标尺，尺上朝中心方向均匀地刻着 121 条刻线，每两条刻线间的夹角是 1°；游标上共刻有 31 条刻线，每两条刻线间的夹角是 $\left(\dfrac{29}{30}\right)^{\circ}$。因此，尺座和游标每一刻度间隔所夹夹角之差为

$$1^{\circ}-\left(\frac{29}{30}\right)^{\circ}=\left(\frac{1}{30}\right)^{\circ}=2' \tag{8-11}$$

由上述讨论可知，这种万能角度尺的游标读数值为 2′，其测量范围为 0°～320°。

利用基尺、角尺、直尺的不同组合，可以测量 0°～320° 范围内的任意角度。

三、锥度和角度的间接量法

锥度和角度的间接量法是指用正弦规、钢球、圆柱量规等测量器具，测量与被测工件的锥度或角度有一定函数关系的线值尺寸，然后通过函数关系计算出被测工件的锥度值或角度值。

对于机床、工具中广泛采用的特殊用途圆锥，常用正弦规检验其锥度或角度偏差。在缺少正弦规的场合，可用钢球或圆柱量规测量圆锥角。正弦规利用正弦函数原理精确地检验圆锥量规的锥度或角度偏差。正弦规的结构简单，如图 8-20 所示，由图可知，其主要由工作平面 1 和两个直径相同的圆柱 2 组成。为便于被检工件在正弦规的主体平面上定位和定向，正弦规上装有侧挡板 4 和后挡板 3。

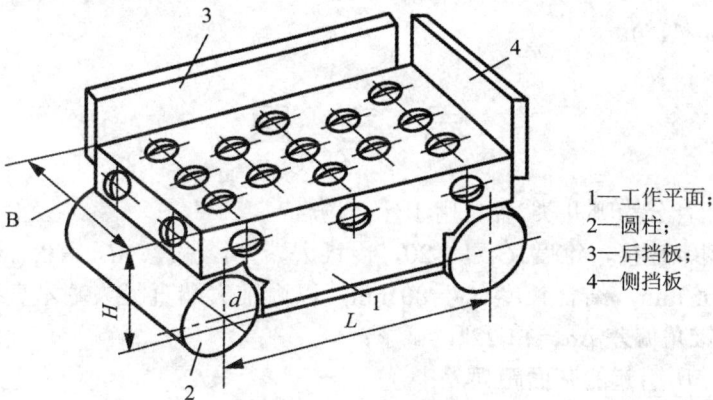

1—工作平面；
2—圆柱；
3—后挡板；
4—侧挡板

图 8-20　正弦规

根据两圆柱中心间的距离和主体工作平面宽度，正弦规制成宽型正弦规和窄型正弦规两种形式。正弦规的两个圆柱中心距精度很高。例如，宽型正弦规 $L=100\text{mm}$ 的极限偏差为 $\pm0.003\text{mm}$，窄型正弦规 $L=100\text{mm}$ 的极限偏差为 $\pm0.002\text{mm}$。同时，工作平面的平面度精度以及两个圆柱之间的相互位置精度都很高，因此正弦规可以用于精密测量。

使用时，将正弦规放在平板上，一个圆柱与平板接触，另一个圆柱下垫以量块组，则正弦规的工作平面与平板间组成一角度，其关系式为

$$\sin\alpha=\frac{h}{L}$$

式中：α 为正弦规放置的角度；h 为量块组尺寸；L 为正弦规两圆柱的中心距。

如图 8-21 所示是用正弦规检验圆锥塞规的示意图。

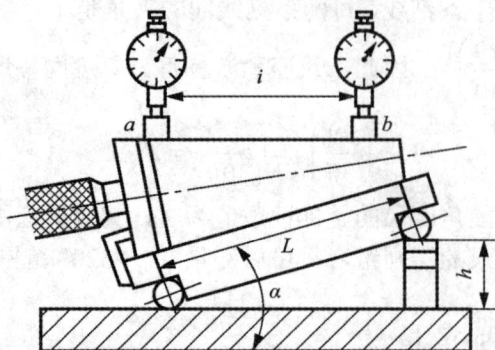

图 8-21 用正弦规检验圆锥塞规

用正弦规检验圆锥塞规时，首先根据被检验的圆锥塞规的基本圆锥角按 $h = L\sin\alpha$ 算出量块组尺寸，然后将量块组放在平板上，使其与正弦规圆柱之一相接触，此时正弦规的工作平面相对于平板倾斜 α 角。放上圆锥塞规后，用千分表分别测量被检圆锥塞规上 a、b 两点，a、b 两点读数之差 n 与 a、b 两点间距离 l(可用直尺量得)之比为锥度偏差 ΔC，即

$$\Delta C = \frac{n}{l} \tag{8-12}$$

锥度偏差乘以弧度对秒的换算系数后可求得圆锥角偏差 $\Delta\alpha$，即

$$\Delta\alpha = 2\Delta C \times 10^5 \tag{8-13}$$

式中 $\Delta\alpha$ 的单位为秒($''$)。

思 考 题

1. 圆锥的配合分为哪几类?各自用于什么场合?

2. 已知一圆锥连接，锥度 $C = 1 : 20$，内锥大端直径偏差 $\Delta D_i = +0.1\,\text{mm}$，外锥大端直径偏差 $D_e = +0.05\,\text{mm}$，结合长度 $L_P = 80\,\text{mm}$，以内锥大端直径为基本直径，内锥角偏差 $\Delta\alpha_i = +2'10''$，外锥角偏差 $\Delta\alpha_e = +1'22''$，试求：

(1) 直径偏差所引起的基面距误差；

(2) 圆锥角偏差所引起的基面距误差；

(3) 当上述两项误差均存在时，可能引起的最大基面距误差。

叁考文献

[1] 廖念钊，古莹菴，莫雨松，等. 互换性与技术测量[M]. 6 版. 北京：中国质检出版社，2012.

[2] 任嘉卉，王永尧，刘念荫. 实用公差与配合技术手册[M]. 北京：机械工业出版社，2014.

[3] 邢闽芳，房强汉，兰利洁. 互换性与技术测量[M]. 3 版. 北京：清华大学出版社，2017.

[4] 胡照海. 零件几何量检测[M]. 2 版. 北京：北京理工大学出版社，2014.

[5] 陈红，周利平，周水芳，等. 公差配合与测量技术[M]. 北京：北京邮电大学出版社，2020.

[6] 王伯平. 互换性与技术测量基础[M]. 北京：机械工业出版社，2003.

[7] 徐茂功. 公差配合与技术测量[M]. 4 版. 北京：机械工业出版社，2017.

[8] 王德海，姜玉学. 公差配合与技术测量[M]. 北京：北京交通大学出版社，2019.